王松 著

欣赏 鞋石

SHOE STONE
APPRECIATION

U0345650

浙江摄影出版社

当物华自然天成，你还需要去设计吗？

当天宝自然具象，你还需要去雕琢吗？

曾几何时，沧海遗珠，桑田遗璧。

历史的身影从远古走来，故事洒落在山川江河。

自然与神工碰撞，时光与岁月蹉跎。

它们化作石足，石鞋，石靴，石履。

"一足间"主人的风采感召着这些宠儿，精灵。

一时间，群贤毕至，少长咸集，众望所归。

一足间，物华天宝，琳琅满目。

件件作品凝聚的是知识，是艺术，是文化，

是梦想，是乡愁，是风景；

是传说，是传承，是永远也讲不完的美丽故事……

是风，是雨，是爱，是情；是心血，是汗水，

是冰与火，是春夏秋冬，是生活，是岁月……

大千世界多少奇，古往今来未可知。

欲向何处觅珠玑，一足间内天骄石。

中华艺术鞋履文化收藏研究协会副主席　武金轩

王松 | 鞋石收藏人
"一足间"鞋石收藏馆创始人

· 长期从事鞋类职业教育、鞋类技术创新
  创业、鞋文化传承与发展等教育管理工作
· 软件工程硕士
· 高级鞋类设计师
· 企业人力资源管理技师
· 浙江省温州鞋革职业中等专业学校（鹿
  城职业技术学校）校长
· 全国纺织服装职业教育（鞋服饰品）专
  业教学指导委员会副秘书长
· 《西部皮革》杂志编委
· 《中国鞋都》杂志特别顾问
· 浙江省成人教育与职业教育协会理事
· 浙江省皮革行业协会理事
· 浙江省中职学校特色专业教研大组理事
· 温州市鞋革行业创新与技术专业委员会
  顾问
· 温州市鞋革行业协会专家顾问
· 浙江省中职名师（鞋文化教育管理）
· 浙江省皮革智慧贡献奖
· 温州市鹿城区重点文化教育创新团队
  （鞋文化教育创新团队）带头人
· 国内首个鞋类专门化职校创办人

一名奇石收藏者的
鞋文化情缘

"人世间石有万千形态，我独爱你这一种。"温州鹿城区职业技术学校琢器楼奇石收藏馆中数百枚大小不同、形态各异、品种繁多的天然奇石，从不同侧面展现出同一种样貌——鞋子。收藏者王松校长对此，别具匠心地称之为——鞋石。

爱好，从来不会只有单薄的内涵

短短几年，王松收藏的鞋石精品达几百枚。在他的收藏品中，有的石头像古代战士的战靴，有的像古代妇女穿的三寸金莲，还有的像公主穿的水晶靴，其中最小的只有几十克，还不及成人小手指大，最大的高1.5米，长1.9米，重达几吨。

"你说，是不是很巧合？"谈起这块鞋石巨无霸，王松说，"只是多看了一眼，就发现了这么一只硕大无比的鞋子。当时，肯定是脑子一热，我通过沟通与协商，动用了5台吊车，好不容易才'请'回了这个鞋石王。搬回家后，才发现这石头实在太大，家里哪能容得下！""你以为家是你学校呀，弄来这么大一只'怪鞋'！"家里人无意的嗔怪，倒是解决了这个难题——这块巨大无比的鞋石最终安家于温州唯一的鞋革专业学校花园的一块空地中，不得不说是有些缘分天成的意味。

王松收藏的夙愿由来已久，但是收藏鞋石，还是从一次偶然事件开始的。有一次，他到甘肃省甘南藏族自治州旅行，当地盛产长江石，偶然路过一路边摊时，他看到两块长江石的样子很像鞋子，就花几十元钱买下作为纪念，后来在当地的仙女滩一石乡，他又意外捡到了多块鞋形石头。带回这些石头后，有人打趣他："你在全市唯一一所鞋类职校当校长，工作中早已尽是鞋；可没想到，旅游在外，带回来的仍然是'鞋子'，难不成真是天注定的？"这一问反倒是点燃了王松收藏鞋石的激情，收藏的势头一发而不可收。

自此，工作之余，王松最大的乐趣就是淘石头，每逢节假日就去温州的古玩市场逛一逛，外出旅行时他必去当地的奇石交易市场或者河滩边捡石头。渐渐地，王松收集的鞋石多了，他在奇石收藏圈内也有了一定的名气，现在全国各地都有石农、石友和他保持联系，一有好的鞋石就联系他。朋友都笑称他是职业学校中的"石王""石痴"。

对此，王松直言不讳：爱好兴趣，从来不会只有单薄的内涵，它更应该是一个人理想追求的延伸。

职业，从来都需要靠专业来支撑

王松认为任何学问都是以小见大，从小做起，况且他收藏鞋石跟自己从事的工作和兴趣有着密切联系。

刚开始收藏的时候，他光凭兴趣，没有深入了解石头收藏的相关知识，经常会有打眼的时候。后来有了经验后，王松所收藏的精品也慢慢多了起来。从收藏品中，王松领悟到了大自然的神奇和独特魅力。鞋石中蕴含着丰富的灵感素材，设计师们可以从鞋石的形状、质感、色泽、纹理、韵味等获得诸多的启发，设计师的任务往往是将这些无序的元素抽离出，融入他们的创意灵感，为自身的作品服务。

王松作为鞋类专门化职校的掌门人，经常和鞋打交道。他把家里收藏的鞋石大部分都搬到了学校，并建立了"一足间"鞋石收藏馆。"一足间"语出"夔一足矣"：先进与落后，区别只在一步间，始终领先一步则是王松的最大本意。鹿城职校鞋类设计专业的老师和学生时常会去"一足间"观赏品鉴，寻找设计的灵感。王松自己也会在工作劳累之余，到这里小憩，一边欣赏自己的藏品，一边思考学校的办学思路。

现实到理想只是一块鞋石的距离

王松告诉记者，中国奇石文化历史悠久，收藏奇石的人很多，但是专门收藏鞋石的人很少。鞋石是传承鞋文化很好的载体，他的目标是办一个知名的鞋石博物馆，争取用十到二十年的时间收藏上千枚精品鞋石，若干年后成为中国鞋石收藏第一人。

对于鞋石，王松自有一套说法：一是要看比例，鞋石的长、宽、高比例一定要合适，不然就不像鞋；二是要注意立体性，尤其是象形石，整体像鞋为最好，只一个侧面像鞋的就要差些；三是要注意鞋底、鞋帮的区别和搭配，或是颜色的区别和搭配，或是石头质地的区别和搭配，有鞋底、鞋帮的为好，浑然一体的为次之；四是看石质，玉化的、硅质的自然比粗麻酥软的石质好；五是看颜色，配色恰如其分的鞋石最为理想。实践出真知，王松笑称自己的眼光变刁了，现在能让他动心的鞋石已是有点可遇不可求了。

王松说自己和鞋文化打了十来年的交道，也感叹于中国鞋都鞋文化博物馆的衰落，温州作为中国鞋都应该有一个宣传鞋文化的平台。现在他在新浪上开了微博、博客，专门介绍鞋石文化。接下来他还准备和温州市收藏陶瓷鞋的金永愉合作，在学校联合开设一个鞋文化展览馆，他希望凭借自己的绵薄之力让更多的人了解鞋都温州，了解鞋文化，他表示，"这是一个理想，我的理想，它通过鞋石实实在在地展现在了我眼前"。

吴锋

话鞋石

Introduction Of
Shoe Stone

鞋石，以水冲石为多，风吹石次之；象形石为多，画面石次之。

对于鞋石，很多石友不以为然。有的认为很多，可让他找几个，他却找不到；有的认为很好找，可让他找些来，总是牵强附会的多，形象的少；有的认为玩鞋石是小儿科，档次太低，殊不知，任何学问都是以小见大，从小做起；有的认为人们对鞋太熟悉了，因而鞋石也就玩不出名堂。正是因为这些或多或少的偏见，让我们意识到收藏鞋石的重要性。

收藏鞋足类奇石，应注意几个问题：一是要看比例，鞋石的长、宽、高比例一定要合适，不然就不像鞋；二是要注意立体性，尤其是象形石，整体像鞋为最好，只一个侧面像鞋的就要差些；三是要注意鞋底、鞋帮的区别和搭配，或是颜色的区别和搭配，或是石头质地的区别和搭配，有鞋底、鞋帮的为好，浑然一体的为次之；四是看石质，玉化的、硅质的自然比粗麻酥软的石质好；五是看颜色，配色恰如其分的鞋石最为理想；六是要形成系列，数量足以大，几十上百方，乃至几百方鞋石最好，数量不大不足以震人；七是要有极端性，超大极大，超小极小，超像极像，方

他山之石，可以攻玉 张玮 题

能吸引人；八是要有多样性，与人类生活中的鞋相像的各类鞋石尽可能都要收集；九是要有全面性，除象形石外，风砺石、画面石、雕刻石、画像石等都要有所展示，除主打展品石靴外，还要辅以世上的各种靴子，生活鞋、工艺鞋都要有，如砖瓦质鞋、唐三彩鞋，等等，还要加上各种各样民俗风情的鞋垫；十是要有知识性和思想性，最起码要讲清楚从原始社会的兽皮鞋到如今鞋业博览会中各式品类的鞋的历史。

开鞋足类石馆，除以石靴为主，以生活中的鞋子、鞋垫为辅外，还要有关于描写或描绘鞋子的戏曲、电影、小说、散文、成语、诗歌等，如《一双绣花鞋》《寇准背靴》。要举一反三，善于广泛联想、巧妙引申、奇特转折、顺势挖掘鞋子系列奇石的文化内涵，引导人们健康向上的价值观、生活观，积蓄正能量。比如说把鞋足类奇石叫作"知足常乐"，在展示上述展品的同时，加上有关"满足是幸福的基础"方面的研究论述、阐述，叫游客不光看热闹还要看门道，学知识，思人生。如果游客看到了很多关于鞋的展品，又懂得了知足常乐的道理，得到一点启发，并由衷感到满足和幸福，社会也就会更加和谐了。

Catalogue 目录

作品赏析

Appreciative
Remarks

踏『石』行千里

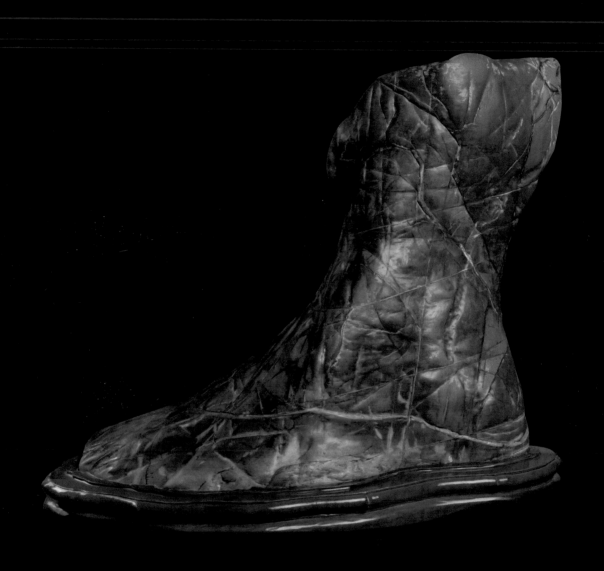

知足常乐

品种 红灵璧石
尺寸 63cm×52cm×43cm
重量 51kg

　　灵璧石，质地细腻温润，滑如凝脂，石纹褶皱缠结、肌理缜密，石表起伏跌宕、沟壑交错，造型粗犷峥嵘、气韵苍古。红灵璧石是指以红色为主色调的彩色石，它是近几年才被发现和开挖出来的石种。在红色灵璧石种中，纯大红色较为少见，多数都夹杂黄白等其他色彩。红灵璧石主要以形、色、质为主要特征，对于同一红色灵璧石来说，形好，自然欣赏价值就大。因为在色彩确定的情况下，其观赏价值主要体现在形态的变化中，至于说纹、声，对以形、色见长的红灵璧石来说就居于次要地位了。

　　很多人把知足常乐仅仅理解为，知道满足总是快乐的。把快乐定义在所得到和满足的欲望上，片面地定义了知足常乐的含义，比较消极和安于现状，这样的满足所带来的快乐其实是不能够长久的。没有足够的知识和相应的认知水平怎么可能知道什么时候该满足？当你有了足够的知识和见解，足够的认知水平，那么你看待事物的眼光，对待名利的态度，对待生活中的一切会有更合理的认知，世界观、价值观才会更正确，从而获得长久的快乐！

　　这块灵璧磐石像交替行走中的两脚，不停歇，左右交替，一路向前，一步一个脚印，每一步走出的都是不一样的精彩。

　　鹿城职业技术学校的精神是"踏实行千里"。"鞋"是名词，意为鞋类专业文化和技能；"行"是动词，意为基于鞋业文化人的行为品质和职业素养的提升，这里的内涵更多的指向人的发展——学生、教师的发展。鞋类职校不仅授学生"鞋"文化，更授学生"行"文化。"千里之行，始于足下"很好地诠释了"行文化"和"鞋文化"的关系。

　　从核心素养层面而言，行文化是鞋文化的升级版，它是基于鞋业文化的职校生综合素质的提升工程，是帮助学生进入未来鞋业职场的利器。鞋文化立足当下，行文化面向未来，不可偏废，所以我把"鞋文化"和"行文化"统称为"踏实文化"，于是便有了鹿职的精神格言——踏实行千里。

踏实行千里

品种 灵璧磬石
产地 安徽灵璧县
尺寸 30cm×26cm×20cm

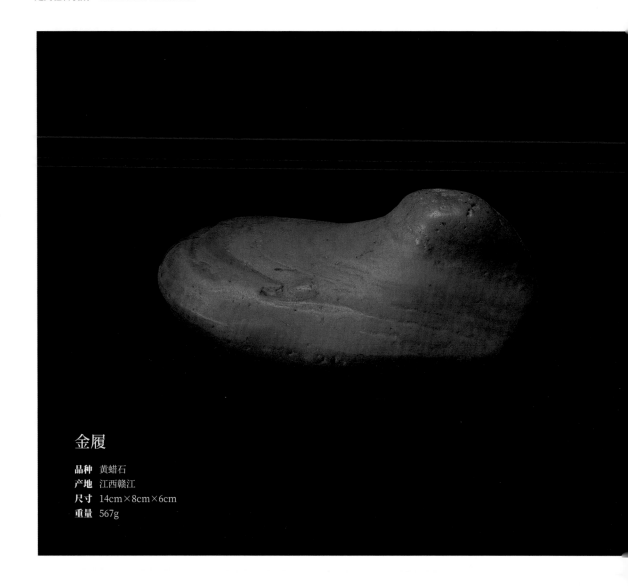

金履

品种 黄蜡石
产地 江西赣江
尺寸 14cm×8cm×6cm
重量 567g

　　黄蜡石，品质良好的黄蜡石有着田黄般的颜色、翡翠的硬度，具有硬度好、透度高、色彩鲜艳丰富的特点。

　　黄蜡石玩赏历史悠久，人们总结出了两个方向、六种玩法。两个方向：一是料石方向，二是观赏石方向。六种玩法是：料石方向的宝石玩法、玉石玩法、印石玩法3种，观赏石方向的象形石玩法、画面石玩法、天然手玩石玩法3种。每一种玩法都有相应的精品和极品。华夏儿女以黄蜡石为载体将具有深厚文化底蕴的中华文明传承。

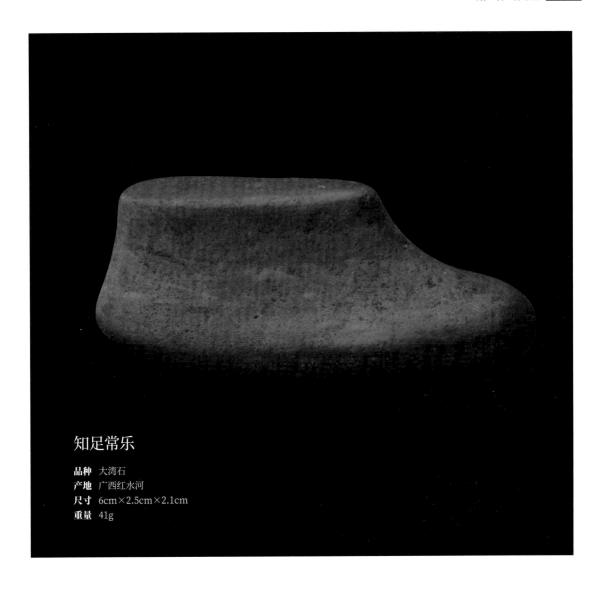

知足常乐

品种 大湾石
产地 广西红水河
尺寸 6cm×2.5cm×2.1cm
重量 41g

大湾石，几乎浓缩了红水河上游奇石的精华，在三五厘米、一二十厘米的尺寸上尽情演绎红水河各类石种的韵律。在方寸之间，红水河奇石的千姿百态和各类赏玩意趣，丰富地展现在我们面前。

赏玩鞋石，从距离上可划分为远观与近玩两种形式。在手玩大湾石的过程中，人们仿佛实现了把握"自然"的愿望，同时也更深刻地体验了自然给予我们心灵的慰藉。

大湾石的尺寸都较小，非常适合在手中把玩。其形体圆转，线条无滞无阻，具有"韧"劲，因此人们在日常把玩中，并不十分紧张，不太担心摔坏。

此外，大湾石的质地，虽然不一定"透"，也不一定具有玉一般的"水头"，但它们在把玩中易起包浆，人容易有成就感，人与石的关系有如人与自然的关系一般，你中有我，我中有你。

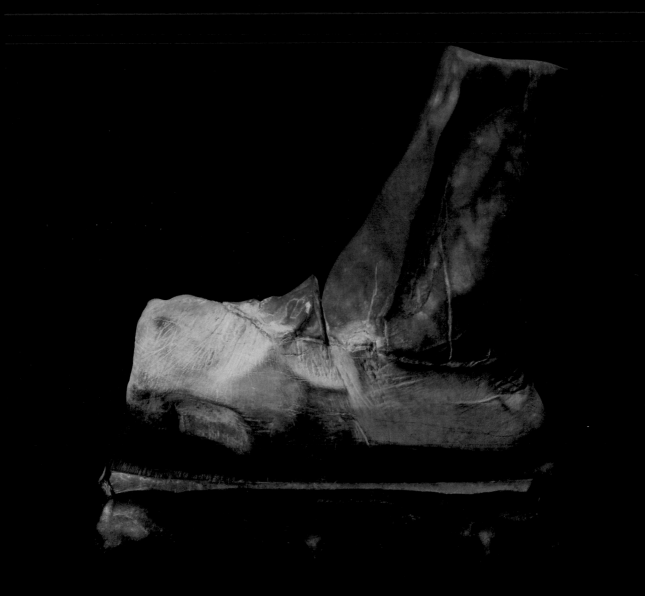

帝王靴

品种 吕梁石
产地 江苏省徐州市铜山县吕梁乡山区
尺寸 12cm×11cm×6cm
重量 356g

吕梁石，石质细腻，光滑如玉，温润可人，扣之无声。石体大的数米，小的寸许。外观以黄色为主，黑、绿、红等色点缀其间。一般为黄黑相间，黑的是岩石本体，黄的是牢牢附着在岩石上的极细泥沙，形色浑厚，苍古奇崛，有山石的棱角和水石的圆润，融刚柔于一体，是较为独特的石种。

吕梁石，诞生在汉文化发祥地，千百年来深得帝王灵气的滋养，在奇石大家族中，越发显见其皇家风范。这里，我们且不说它的气势恢宏，也不说它的刚柔相济，单单一张"帝王黄"的面孔，就足以令人折服。至此，人们或许才能体味出它的一点神韵；其实，吕梁石深厚得很，你不花费些光阴、不用心去贴近，确实是很难参透它的。

有时候，你面对吕梁石，总有一种面对"大智若愚"之人的感觉，它总是得让你费些心思。"大智之人"和"大智之石"，可能都有一种共性，就是"藏巧露拙"，这可能也是吕梁石给人们的启示吧。

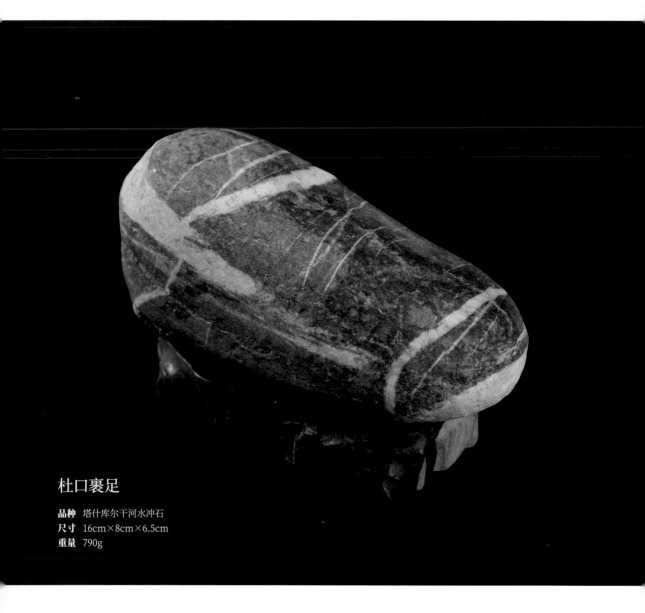

杜口裹足

品种 塔什库尔干河水冲石
尺寸 16cm×8cm×6.5cm
重量 790g

战国时魏国有位善于辩论的人，叫范雎。他本来在中大夫须贾门下做事，后来因为受了冤屈，就改名换姓逃到了秦国。当时的秦国，有四个人的权力很大：其中穰侯、华阳君，都是昭王母亲宣太后的兄弟；泾阳君、高陵君，都是宣太后宠爱的儿子，即昭王的同母兄弟。他们的财富大大超过了秦王。范雎针对这一情况，上书昭王，请求面谈。昭王派车接来了范雎，斥退了左右，这时范雎才当面谈了关于君臣、骨肉至亲间的大事。

范雎指出："这件事今天说了，明天可能就有杀身之祸。但只要我说的对秦国有利，即使因此被杀，这又有什么可怕的呢？我所顾虑的是，如果天下有才能的人，看见我为秦国尽忠，反而遭杀，那么他们从此就会'杜口裹足'，闭口不说，或者绑了自己的手脚，不再为秦国效力了。"秦昭王听了，即封范雎为相，并将那四个人的权力收归自己。

老北京布鞋

品种 长江石
尺寸 12cm×5cm×5cm

　　老北京布鞋是指北京产的布鞋，是北京特产之一。老北京布鞋有着浓郁的历史背景，是中式文化的典型代表。有史料记载，这种布鞋始于山西平遥，后有鞋匠借助山西平遥精湛的手法工艺、高超的制作流程、优质的服务、高品质的用料，并结合当时老北京布鞋的优势，在京城广为推广，并因此闻名于京城，这也是老北京布鞋的由来。

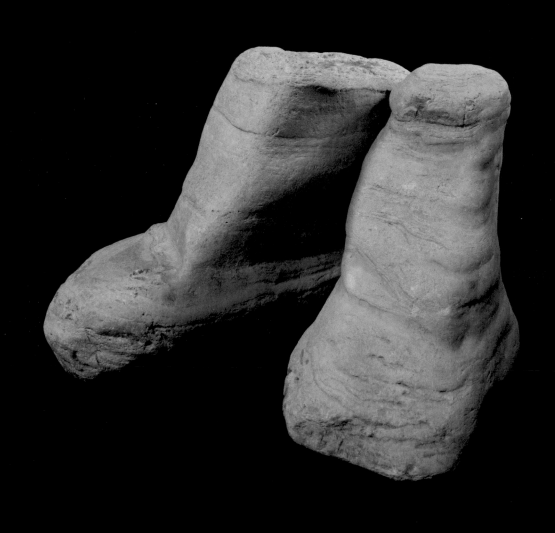

寇准背靴

品种 河卵石
产地 湖北汉江
尺寸 25cm×17cm×12cm

这两块河卵石，形状、石质、颜色、大小、产地、体重等特征出奇一致，鬼斧神工，天生一双。

《寇准背靴》是一出戏曲。讲的是北宋时期，昏王无道，听信谗言，陷害忠良，将忠心报国的杨延景元帅充军云南。后来，杨府虚报杨延景病死，假设灵堂，想自此回河东隐居。此时，辽军进犯，边疆告急。八贤王和天官寇准听到杨延景的噩耗，心情十分沉痛，并为朝中失去披肝沥胆的忠良而深感忧悒。于是，二人同往杨府吊唁。寇准在灵堂上看到杨延景的儿子杨宗保不甚悲哀；又见到杨延景的妻子柴郡主，虽身着孝服里面却着红裙；还听到佘太君向八贤王奏本，举家要回河东。他心中顿生疑团，便以守灵为名留八贤王同在杨府。夜晚，寇准疑虑满怀，难以入眠。这时，他忽然发现柴郡主来其窗外窥视后，提着篮子急忙向花园走去。寇准觉得其中有些蹊跷，便尾随柴郡主前往花园。柴郡主在黑夜中疾行，不小心摔了跤，篮子落在了地上。紧跟其后的寇准也失惊跌倒，碰掉了纱帽，摔脱了靴子。寇准在寻找纱帽时，发现了篮子里的饭菜，并与寻找篮子的柴郡主碰在一起。寇准躲闪不及，又怕被柴郡主发现，便设法躲过了柴郡主。他为赶上柴郡主看个究竟，便背起靴子跟跄跟踪而去。寇准看到柴郡主将饭菜送进花厅，并听到她与杨延景在花厅里讲话。这可乐坏了忠心为国的寇准，急忙赶回将此事报知八贤王。忧虑中的八贤王听说杨延景还在人世，十分惊喜。于是，君臣二人悄悄地来到花厅，设法见到了杨延景。从此，世代忠良的杨家又重为国家捍卫边疆。

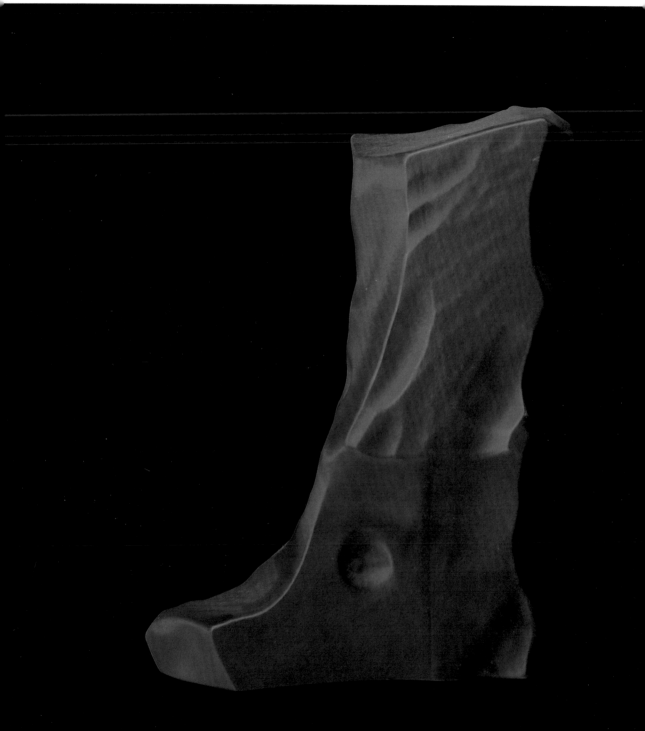

一双靴子

品种 天然戈壁绿泥石
产地 新疆罗布泊
尺寸 15cm×14cm×5cm / 15cm×9cm×4cm
重量 850g / 877g

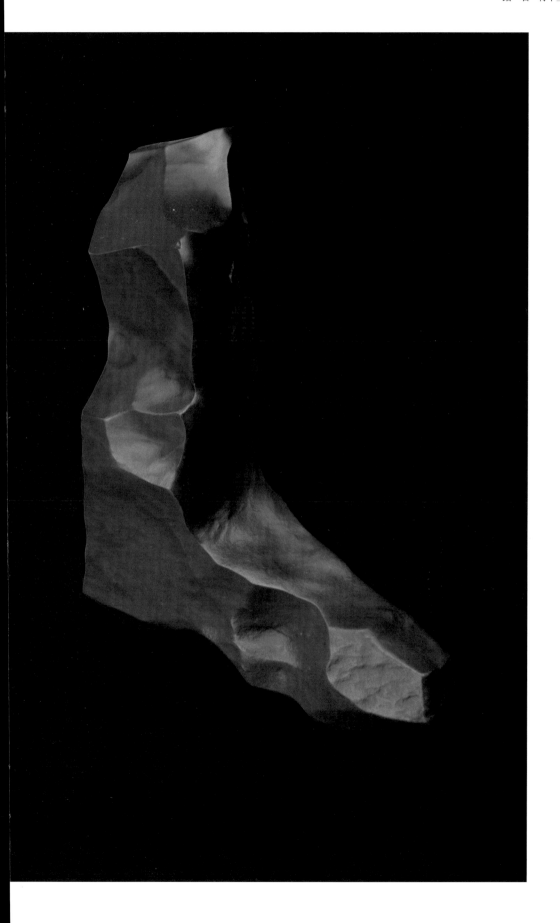

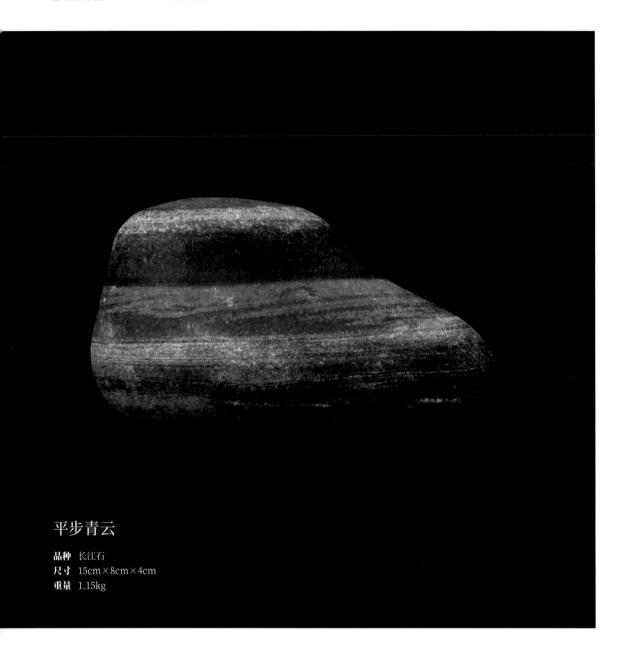

平步青云

品种 长江石
尺寸 15cm×8cm×4cm
重量 1.15kg

　　长江石，是以长江的源头唐古拉山到出口吴淞口河段产的石头，其中也包含了很多支流汇集到长江的石头。所以说长江石的品种繁多，颜色丰富。河道流域长，所以水洗度好；形成于远古且皮老质坚，把玩手感及佳，视觉冲击力强。由于它的色彩多变，形态各异，形成的图案千姿百态，造型更显鬼斧神工，是赏石家族中不可多得的石种。

　　据统计，长江石主要有20多个石种大类，常见的有长江画面石、长江意象石、长江色彩石等。长江画面石个性突出，表现形式丰富，少有雷同；长江意象石线面变化舒展，形状简约流畅，形体圆润饱满而秀雅端庄；长江色彩石清新自然，具有多种颜色。

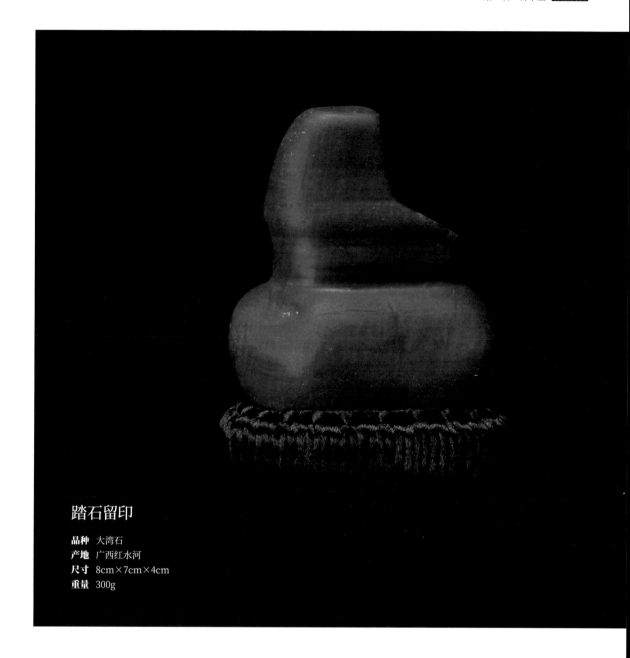

踏石留印

品种 大湾石
产地 广西红水河
尺寸 8cm×7cm×4cm
重量 300g

　　踏石留印，成语原意是指人踏在硬石上也能留下印痕。常作褒义词应用，与"蜻蜓点水"一词互为反义。一般是用以形容人的工作扎实，不管干什么工作都能留下自己的成绩。形容做事情不达目标不罢休，有坚持到底，做就要做好的精神。常与"抓铁有痕"连用，如: 领导干部要对重大决策、重要部署、主要矛盾、关键环节时刻放在心上，亲力亲为，抓出实效，做到"踏石留印，抓铁有痕"。

　　踏石还是一种民间习俗: 在陕西省兴安州，端午时节, 地方官率领僚属观赏竞渡, 称之"踏石"。

黑绒口棉鞋

品种 长江画面石
尺寸 10.6cm×6cm×3cm

长江画面石自然天成，表面石肤水洗度好，光滑圆润，不打磨，不上油，没有丝毫的人工雕琢之气。从鉴赏的角度来看有一种高雅且难能可贵的真实感。

长江画面石的色泽自然柔和，色彩协调，传递出一种中国传统水墨画的意味。对比中有调和之韵，单纯中有变化，浅淡中有厚润，有一种爽朗、简洁之美。

欣赏长江画面石是追求心灵意境的过程，长江画面石所呈现的各类题材十分广泛，具有超乎寻常的艺术效果，不同心态的观者，可以看出不同的"石语"。

长江画面石以水冲卵石类奇石为主，亲水性很强。画面石都讲究对比度，即图纹与背景的反差越强烈，可观赏性越强。多数画面石表皮粗糙，有细微毛孔，在干燥状态下，颜色较浅，反差就不强烈；上水后因水珠填满毛孔，水珠张力具有放大作用，颜色就会光鲜，对比度就会得到提高，画面的可观赏性就会得到改善。

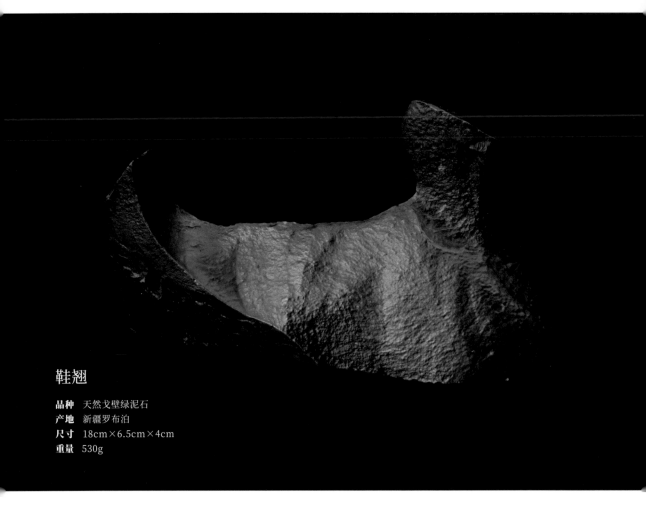

鞋翘

品种 天然戈壁绿泥石
产地 新疆罗布泊
尺寸 18cm×6.5cm×4cm
重量 530g

古鞋何以会出现鞋翘？这一问题不仅是中国的，而且是世界的鞋文化领域值得研究的问题。因为中外古鞋都曾经有过上千年的鞋翘历史。中国鞋翘究其式样和规制，大体可得出以下四种解释：

其一，中国古代男女服饰皆以裙袍为主体，鞋翘可用来托住裙边，不至跌滑。

其二，行走时鞋翘有警诫作用，使穿者免受伤害。

其三，鞋翘一般与鞋底相接，而鞋底牢度大大优于鞋面，当可延长鞋饰寿命。

其四，鞋尖的上翘，似与古建筑的檐角上翘有相同的解释，都是对上天的一种尊崇。

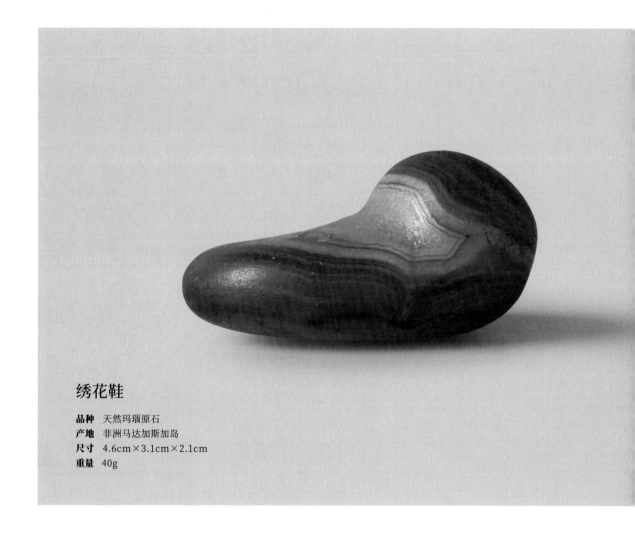

绣花鞋

品种 天然玛瑙原石
产地 非洲马达加斯加岛
尺寸 4.6cm×3.1cm×2.1cm
重量 40g

马达加斯加玛瑙原石艺术欣赏价值很高，其花纹、颜色、样式、形状、图案具有多样性，通透性好，石质润滑又好。尤其是其表面天然形成的各种逼真的、美轮美奂的神奇图案，艺术价值极高，广受收藏家青睐。

马达加斯加水冲玛瑙大多呈卵石状，磨圆度相当好，明显是经过海水的强力冲刷，有的表面还有黄色的风化皮壳，透明度特别好，灯光一照，晶莹透亮，有的缠丝构造明显，手感比重相对略轻，颜色以红色为主。正应了行话："千种玛瑙万种玉，玛瑙无红一世穷。"

此外，黄色、黑色也较常见，其各种特征已经达到冰彩玉髓的程度，细皮嫩肉，可爱通透。因为经历了长久的海水冲刷，质地较国内常见的水冲玛瑙更显柔和细腻，尤其是断茬处，真有点和田玉的油润脂粉感，贝壳状断口特征不明显，堪称石界新宠。

它具有宝石的三大特征：美丽、耐久、稀少。但它的美丽是与生俱来的，而非钻石水晶等宝石，需要加工才能体现价值，但它又像钻石一样质地坚硬，抵抗摩擦和化学侵蚀，稳定性相当好。物以稀为贵，随着全世界玛瑙爱好者的不断认可，不久的将来，精品马岛水籽必将一粒难求！

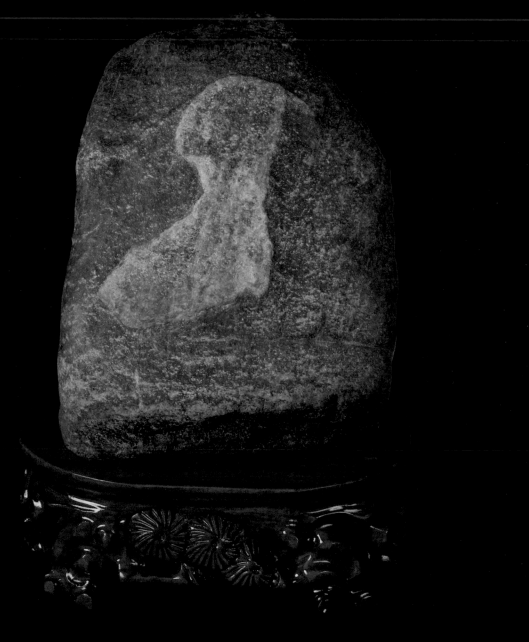

花纹面石靴

品种 秦岭石花纹石
产地 甘肃省庆阳市陇东
尺寸 40cm×30cm×15cm
重量 40kg

秦岭奇石，顾名思义，就是产自秦岭山的"奇石"。秦岭山系受地质变动及外力的长期作用，岩石裸露，经雪雨流水的侵蚀、切割和风化，形成了丰富的观赏石资源，山崦沟岔、大河小溪遍布奇石，大者如楼，小者手可把玩。 一般情况下人们所说的秦岭奇石，主要是秦岭终南山一段 72 裕所产的奇石。

秦岭奇石多为花岗岩，雄伟大度。有造型石也有图纹石，造型石棱角分明，坚硬不屈，形状千奇百怪，或为人形，或为鸟兽等，极其生动逼真。图纹石纹理如画，线条优美，大多石质坚硬，黑地衬白纹，对比强烈，图案清晰，有人物、山水、鸟兽鱼虫等，惟妙惟肖，意蕴丰富。有的虽不具一定形象或图案，却有一种意韵高古的内在魅力，凝重而旷达，可为石中上品。

小玉鞋

品种 和田玉籽料
产地 新疆玉龙喀什河
尺寸 3.5cm×1.8cm×1.5cm
重量 10.85g

　　在八千年的中国玉文化中，和田玉以其品质高雅、质地优良成为历代王朝政治、文化、道德、宗教等方面的重要载体，并延续至今。和田玉的玉文化载体功能是以其物化产物（玉器）表现出来的。和田玉玉器根据用途不同可分为佩饰、摆件和器具三大类，以及扳指、挂件、手镯、山子、瓶、炉、薰等若干小类。

　　自古就有黄金有价玉无价的说法，和田玉的价格是建立在相对的基础之上，如工艺、原料、创意、作者，未来也会出现品牌价值。对于玉石来讲，国内外至今没有统一的通行标准，因此在市场上，同类质量的玉石或饰品，其价位差别很大，很难掌握。

　　和田玉籽料为山上的玉石经过自然的侵蚀、剥落后被流水搬运至新疆玉龙喀什河的河流中，经过流水的长期冲刷剥蚀和水中的自然滚动磨砺，去粗取精，留下的料质最细腻结实的部分。和田玉籽料的特点：块度比较小，一般为卵石形状，表面很光滑圆润，带皮色（玉料的疏松部分或绺裂处受到矿物的侵入形成的颜色）。由于受到长期的冲刷，自然的分选，可以说籽料是大自然精心筛选的优良玉料，价值仅次于羊脂玉。

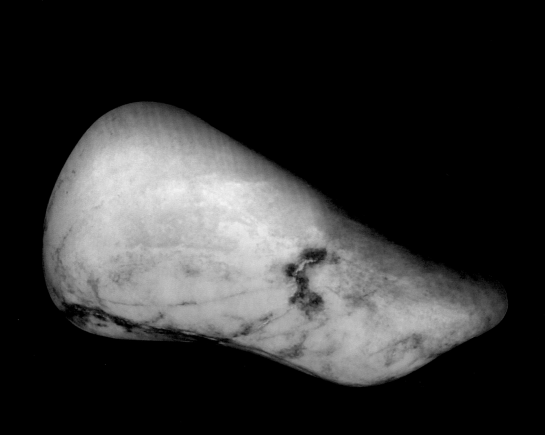

玉鞋楦

品种 和田玉籽料
产地 新疆玉龙喀什河
尺寸 7.5cm×3.2cm×2.2cm
重量 75.4g

芳华

品种 钟乳结晶石
尺寸 13cm×9cm×6cm

品种 广西大湾石
尺寸 10.5cm×5cm×5cm

这块钟乳结晶石与广西大湾石的形状酷似一只解放鞋和芭蕾舞鞋，具有强烈视觉冲击感。

钟乳石，盛产于广西、云南等省区。是碳酸盐岩洞在漫长地质历史中和特定地质条件下形成的石钟乳、石笋、石柱、结晶石等不同形态碳酸钙沉淀物的总称。它的形成往往需要上万年或几十万年时间。钟乳石、结晶石光泽剔透、形状奇特，具有很高的欣赏价值。钟乳石由于形成于条件特殊的溶洞中，恒温恒湿，没有经历过日晒风化，所以形体都保存得较为完好精巧，表面呈葡萄、核桃壳、灵芝、浪花等形状，造型亦千姿百态。钟乳石颜色有白、棕黄、浅黄、青、琥珀色等。有的钟乳石表面泛有晶簇闪光，以雪白晶莹者为佳，现已被珍视为"结晶石"，为人所宝重。

大湾石，最初仅仅指大湾乡境内所产的卵石。后来因为桥巩、陈乡境内河滩所产卵石与大湾境内所产的"大湾石"有许多相似之处，有些甚至根本无法分辨来自哪个河滩。石友们渐渐就把桥巩石、陈乡石与大湾所产卵石合称"大湾石"。大湾石很袖珍，一般在3~5厘米之间，尺寸达10厘米左右的属中型石。20厘米左右的则堪称大湾石中的大个子了，而这种尺寸在开发早期比较多见。大湾石，汇集了上游各类奇石的特色。它不是在形态、质地、色彩和纹样上的简单复制，而是在赏玩趣味上也体现一定的深度和广度。大湾石既展示了"宝气"，又体现了"古气"，同时也散发着婉约的"清气"！

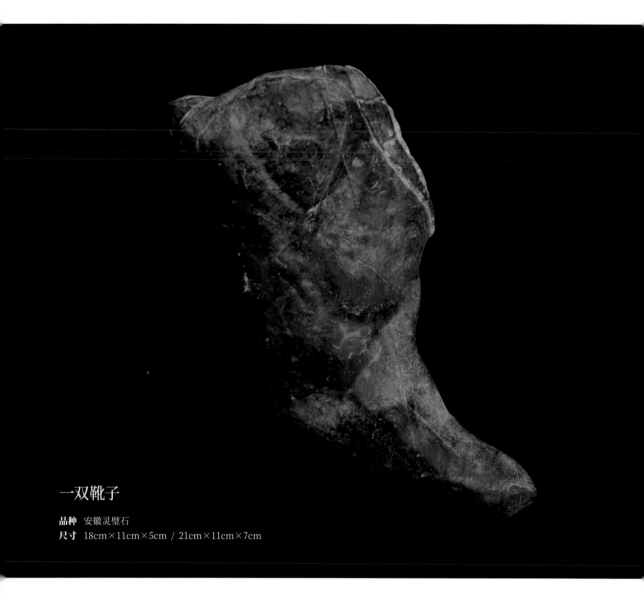

一双靴子

品种　安徽灵璧石
尺寸　18cm×11cm×5cm ／ 21cm×11cm×7cm

　　这两块安徽灵璧石除色差外，大小、形状、石质等特征相近，组合起来酷似一双完美靴子。

　　灵璧石，中国四大名石之首，集质、声、形、色于一体，瘦、透、皱、漏、伛、悬、黑、响，作为供石至善至美。灵璧石因久负盛名，为历代帝王将相、文人雅士所宠爱，更受到今天广阔爱石者的喜爱。灵璧石肌理细致，质素纯洁，不只巩固慎重，并且抚之若肤。好的灵璧石，小巧玲珑，惮奇尽怪，有天然构成之观音、卧牛、仙翁、美人、顽童；有或卧或立，若舞若蹇的，肖形状物，妙趣天成，能把你引入另一个世界，使你思绪万千。

　　灵璧石始见于唐，兴于宋，进入晚清，因战乱不断，一度销声匿迹。但民间仍有为数不多的老灵璧呈现，这种石头通过了数百年甚至更多时刻的抚摸、赏玩，吸收了大自然与人的灵气，质地细腻，外柔内刚，视之坚硬而摸之若肤。表皮上有一层固体包浆，薄薄的好像生果的皮，润滑部位呈现头发丝粗细的鸡血红，造像丰

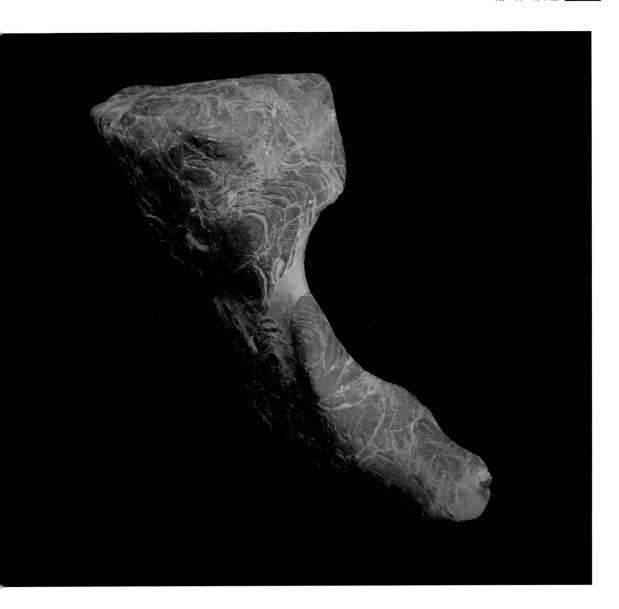

满，含而不露，有一股无量的魅力；慎重、安静，人与石交流能悟出许许多多的人生哲理。这种玩石首要为青色，价格也高得让人吃惊。灵璧石构成于九亿年前，是一种质地较佳的石灰岩，因为被历代发掘，尤其是北宋年间，宋徽宗在首都开封建"万岁山"（后更名为"寿山艮岳"），大举搜运四方奇石，灵璧石随被广泛发掘。史书记载，宋仁宗皇祐三年 (1051) 诏徐、宿等七州戎行收集灵璧石为贡品，长达 20 年遭到巨大的损坏，

所以有灵璧石"兴于宋而毁于宋"的说法。时至今天，深藏在地下的石品通过上千年雨水的冲刷，再次展现在人们面前。但是这种地球不可再生的资源发掘一件地下就少一件，并且，能够赏识的精品、珍品、神品更是千万中挑一，国内外石商、保藏家们看到了这种有限资源未来的增值潜力，便不惜千金换一石，尤其是上等石品。

三寸金莲

品种 天然戈壁泥石巧石
尺寸 13cm×7cm×3cm
重量 486g

什么是巧石？巧石也称对石、合石，大自然的神奇力量塑造了人力所不能及的奇妙组合，生死离别又天作之合，巧石天成，天下之大竟有如此巧事，而天下之石（事），无巧不成书！

随风而逝且随缘，巧石，演绎着历经千万年聚散离合的缘分，这也许就是巧石的魅力，有一种动人心魄的力量。

巧石是天然奇石的一种，形成天然的戈壁对石其实非常不易，戈壁荒漠昼夜温差达到 60 摄氏度，地表的戈壁石在极寒极热的环境中裂开为两半，一般裂开以后都被沙漠狂风吹散，但就有极少数对石，在历经几万年的风吹日晒，严寒酷暑等极端恶劣的气候环境，却始终不离不弃，相守在一起，直到被人们发现。有的巧石开裂面都已经历经万年的风化形成了包浆，当把两枚合在一起的时候，却依然严丝合缝，宛如一体，令人惊叹，令人感动！这不正是人们对坚贞爱情最美好的期待吗？

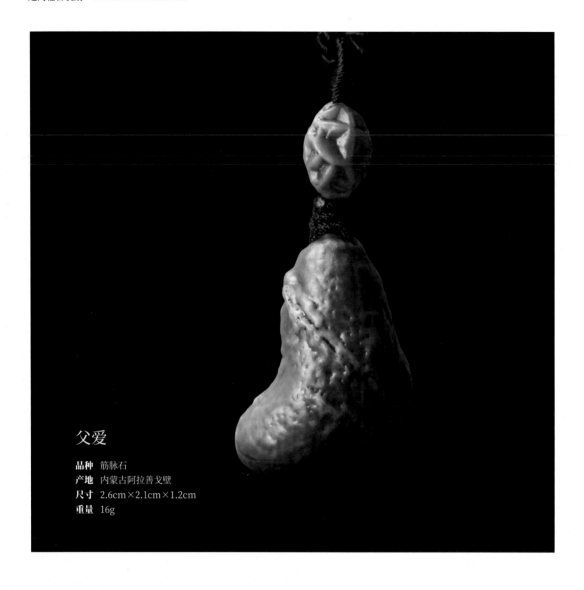

父爱

品种 筋脉石
产地 内蒙古阿拉善戈壁
尺寸 2.6cm×2.1cm×1.2cm
重量 16g

　　筋脉石，千万年的风沙使其表面形成各种自然纹路，酷似人体筋脉，因此得名筋脉石。精品筋脉石一般具有以下几个特征。 1.质地：好的筋脉石质地坚实，密度好，没有那种给人稀松或发糠的感觉，整体籽料感觉很结实。精品筋脉石籽料表面会有一层玛瑙化的外膜，俗称"玉化"。2.色泽： 筋脉石籽料色彩丰富，但绝不像廉价塑料装饰品那般色彩俗艳刺目。筋脉石籽料的颜色从色彩学角度讲属于高级灰色调。3.筋脉纹络： 精品筋脉石脉纹清晰干净、脉络走向明确。

　　鞋，与"谐"同音，在古代是和谐、进步的吉祥物，有祝福、知进步的吉祥寓意； 筋脉石，拥有筋脉石则代表永恒，长兴，不朽；石色为绿色，象征活力与生命力，寓意着父母希望自己的孩子在未来人生路上茁壮成长，不断进步。

履中踏和

品种 吕梁石
产地 江苏省徐州市铜山县吕梁乡山区
尺寸 15cm×10cm×14cm

　　吕梁石的"瘦、皱、透、漏"之形，象形石的"质、色、形（似靴）、纹、韵、巧"之品质兼具。石皮沧桑古老，形态平和，安逸朴实。

　　履中踏和，意在告诫人们，走路脚不要偏，做事要以和为贵，做人要平和。

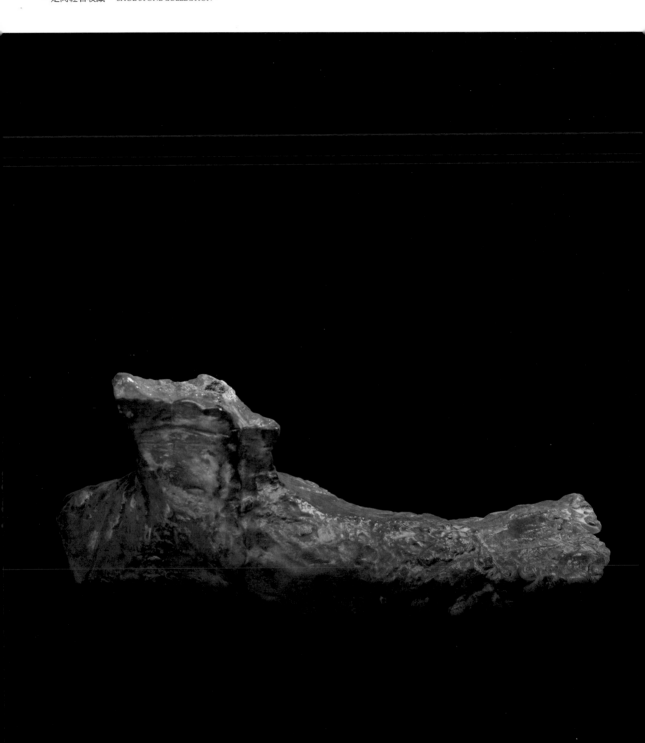

趾高气昂

品种 天然灵璧磐石
产地 安徽灵璧县
尺寸 16cm×8cm×6.5cm
重量 790g

这块天然灵璧磐石形状酷似秦始皇兵马俑之军靴。先秦的服装礼仪中有这样一个传统：只有有地位或有战功的将士可以穿那种鞋尖上翘的靴子，鞋的前边翘得越高说明其地位或战功越高。

灵璧石的音质堪称独步，无论是用小棒轻击，还是仅用手指微扣，都可发出玎琮之声且余韵悠长。所以灵璧石之音有"玉振金声"之美称。历来的论石专著也都把灵璧石"声音清越"作为突出特征，大加赞赏。我国古代的石质乐器——磬，也将灵璧石作为首选材料，明洪武年间曾以灵璧石作磬遍赐各府治文庙即是一例。

此块石头酷似一足，肤色逼真，切面鲜红，像渗血。削足适履之意正与这块石头的形象所吻合：因为鞋小脚大，就把脚削去一块来凑合鞋的大小。比喻不合理地迁就凑合或不顾具体条件，生搬硬套。

春秋时期，有一次楚灵王亲自率领战车千乘，雄兵十万，征伐蔡国。这次出征非常顺利。楚灵王看大功告成，便派自己的弟弟弃疾留守蔡国，全权处理那里的军政要务，然后点齐十万大军继续推进，准备一举灭掉徐国。楚灵王的这个弟弟弃疾，不但品行不端，而且野心极大，不甘心仅仅充当蔡国这个小小地方的首脑，便常常为此而闷闷不乐。

弃疾手下有个叫朝吴的谋士，这个人非常工于心计。有一天，他试探道："现在灵王率军出征在外，国内一定空虚，你不妨在此时引兵回国，杀掉灵王的儿子，另立新君，然后由你裁决朝政，将来当上国君还成什么问题吗？"弃疾听了朝吴的话，引兵返楚国，杀死灵王的儿子，立哥哥的另一个儿子子午为国君。楚灵王在征讨途中闻知国内有变，儿子被弟弟杀死，顿时心寒，想想活

在世上没有意思，就上吊自杀了。在国内的弃疾知道楚灵王死了，马上威逼子午自杀，自立为王，他就是臭名昭著的楚平王。另一个故事是：晋献公宠爱骊姬，对她的话真是言听计从。骊姬提出要将自己所生的幼子奚齐立为太子，晋献公满口答应，并将原来的太子、自己亲生的儿子申生杀害了。骊姬将这两件事做完了，但心中还是深感不踏实，因为晋献公还有重耳和夷吾两个儿子。此时，这两个儿子也都已经成人，骊姬觉得这对奚齐将来继承王位都是极大的威胁，便建议杀了重耳和夷吾兄弟俩，晋献公竟欣然同意。但他们的密谋被一位正直的大臣探听到，立即转告了重耳和夷吾，二人听说后，立即分头跑到国外避难去了。

《淮南子·说林训》的作者刘安评论这两件事说："夫所以养而害所养，譬犹削足而适履，杀头而便冠。"意思是说，听信坏人的唆使，使父子、兄弟自相残杀，就好比是砍去脚趾头去适应鞋的大小一样。这种做法是非常愚蠢的。

削足适履

品种 广西防城港海边石
尺寸 16cm×10cm×7cm
重量 787g

跖

品种 广西大湾石
尺寸 7cm×4cm×3cm

　　此块大湾石酷似一足，呈现出起跑蹬足之
状态。"跖"字拆开成"足""石"二字，象
形足石与品名形成呼应，且"跖"的释义为"踏，
踩"，更显奇巧了。

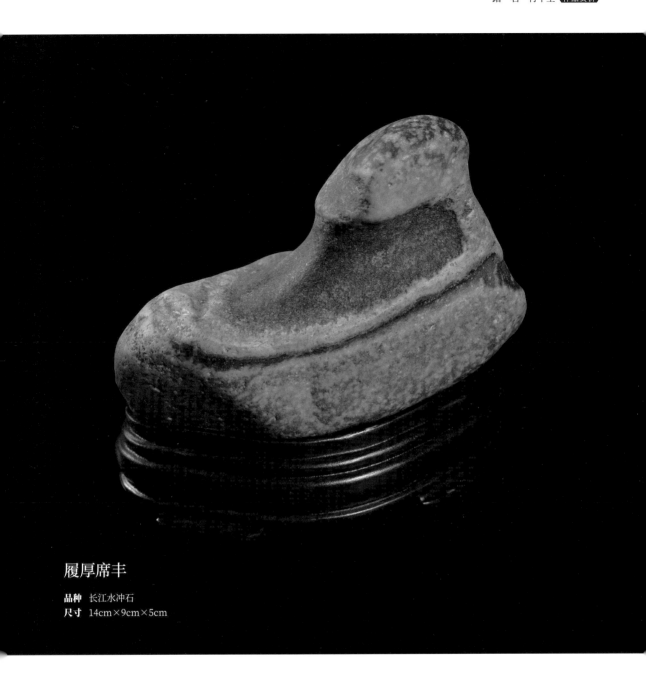

履厚席丰

品种 长江水冲石
尺寸 14cm×9cm×5cm

　　此块水冲石具有天然石纹，点缀奇巧，酷似鞋履，鞋帮、鞋底区分明显，鞋底厚实，特点突出。

　　履厚席丰，又名席丰履厚。席：席子，指坐具；丰：多；履：鞋子，指踩在脚下的东西；厚：丰厚。比喻祖上遗产丰富。也形容生活优裕。寓意吉祥美好。

三寸金莲

品种 风化石
尺寸 11.5cm×10cm×7cm

风化石，产于重庆歌乐山、涂山等地。由各种碎石聚合而成，色彩相杂，沟纹纵横。主要由石灰岩组成，其中的钙会慢慢溶入水中，使水质变硬。因此不宜在水族箱中使用，但可用于非洲水草造景中。

三寸金莲跟我国古代妇女裹足的陋习有关。裹足的陋习始于隋，在宋朝广为流传，当时的人们普遍将小脚当成是美的标准，而妇女们则将裹足当成一种美德，不惜忍受剧痛裹起小脚。人们把裹过的脚称为"莲"，而不同大小的脚是不同等级的"莲"，大于四寸的为铁莲，四寸的为银莲，

而三寸则为金莲。三寸金莲是当时人们认为妇女最美的小脚。

过去的女孩一般在五六岁时开始缠足，其方法是用长布条将拇趾以外的四个脚趾连同脚掌折断弯向脚心，形成笋形的"三寸金莲"。其惨其痛，可想而知，这样做一般大都是在长辈的逼迫下进行的。母亲或祖母不顾孩子的眼泪与喊叫，以尽到她们的责任，并以此保证孩子未来的婚姻生活。

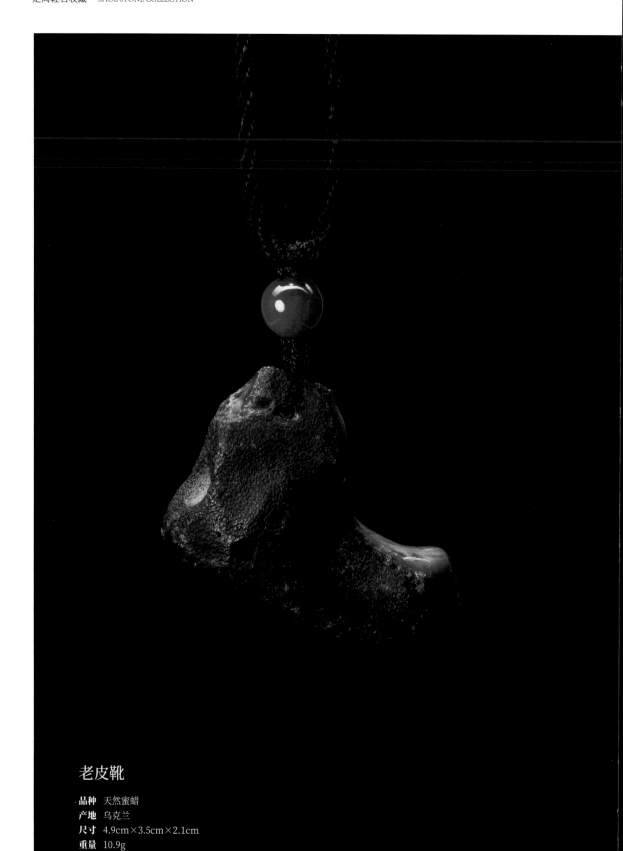

老皮靴

品种 天然蜜蜡
产地 乌克兰
尺寸 4.9cm×3.5cm×2.1cm
重量 10.9g

酒红皮靴

品种 天然蜜蜡
产地 乌克兰
尺寸 4.5cm×3.5cm×1.6cm
重量 10.4g

　　远在三四千万至一亿年前，地球上生长着松柏和枫树，这些树木多脂液，在某一地质时期受到外界强烈刺激，分泌了大量脂液落在地上，并随着地质层变动而深埋地下，再经过三四千万年以上的地层压力和热力，这些脂液便石化为琥珀。琥珀在形成过程和之后的漫长岁月中，受到周围水土有机物、无机物和阳光、地热等环境因素影响而产生了种种变化，除母体仍为树脂（已经石化）外，其他诸如颜色、比重、硬度和熔点等，都产生了一定差异，甚为玄妙，甚为奥秘。

　　蜜蜡是不可再生的宝石，比较稀有，有收藏价值。同时，蜜蜡具有极强的美感，可以做成首饰，常被人打磨成珠状，串成手链或项链、佛珠等，因个别料子有好看的外观，许多人还拿来做装饰品。民间认为蜜蜡有防病治病、修养身心之用。在中国远古时，蜜蜡就被皇室贵族们视为吉祥之物，认为新生儿佩戴它可避难消灾，一生平安。在我国，有些少数民族的婚礼仪式上新娘有佩戴蜜蜡的习俗，寓意永葆青春、夫妻感情和睦。

　　蜜蜡被称为中医五宝之一，《本草纲目》《新中药大辞典》《本草求真》等均有详细记载，称佩戴蜜蜡后可以缓解风湿骨痛、鼻敏感、胃痛、高血压、皮肤敏感等疾病的症状，而且，蜜蜡依其不同产地、不同颜色、不同品种，具有不同的医疗养身功效。

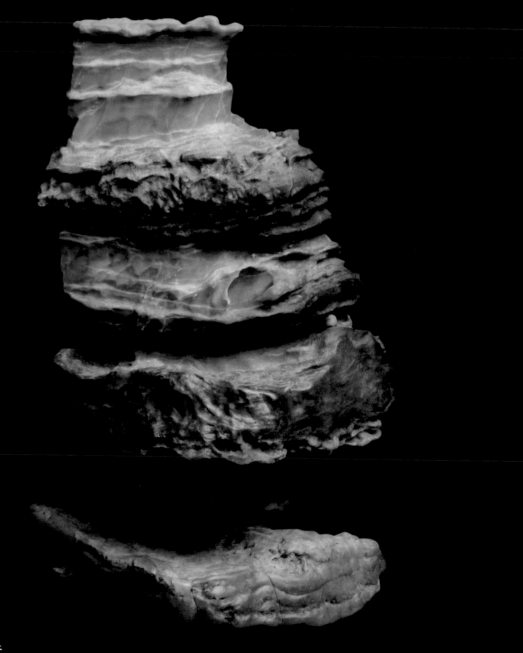

登高望远

品种 风凌石
产地 甘肃马鬃山
尺寸 11.6cm×7.2cm×5.7cm
重量 419g

凉鞋

品种 风凌石
产地 甘肃马鬃山
尺寸 4.3cm×2.3cm×1.9cm

　　风凌石是中国大西北最具特色的典型奇石。该石生长在内蒙古和新疆戈壁风沙口地带，经上亿年的风吹、雨淋、侵蚀，造型千姿百态，具有奇石的瘦、漏、透、皱、清、丑、顽、拙、奇、秀、险、幽等十二个方面的特点。

　　风凌石有的似景、有的似物。似景者有雄伟壮观的群峰，有白雪皑皑的冰峰奇景，常以灰黑色的石质构成山体，以白色覆盖在绵延的山顶或点缀在山坡上；也有的似古堡、石窟、石花等石品。

似物者，如静态、动态的飞禽走兽；似人物者，如仕女、士大夫等形象。风凌石的微观结构绝妙，表现在复杂多变、惟妙惟肖及对微细景观的雕凿，每件石品都是大自然的唯一作品，无一雷同。

　　著名的魔鬼城就是由无数被风化的巨大岩石组合而成，那些小型的石头就被自然之手打磨成两面光滑，两头尖而不锐、造型各异、纹理奇特的风凌石。形状毫无规则的风凌石带着典型的大漠气息，固而便获得了"朔风劲骨风凌石"之美誉。

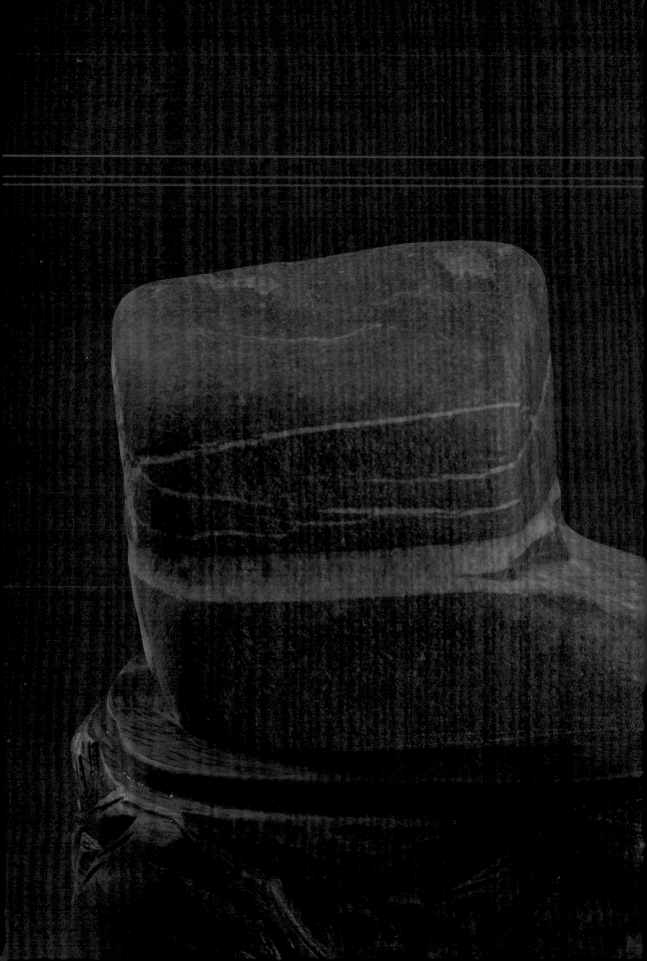

石之形 SHAPE OF STONE

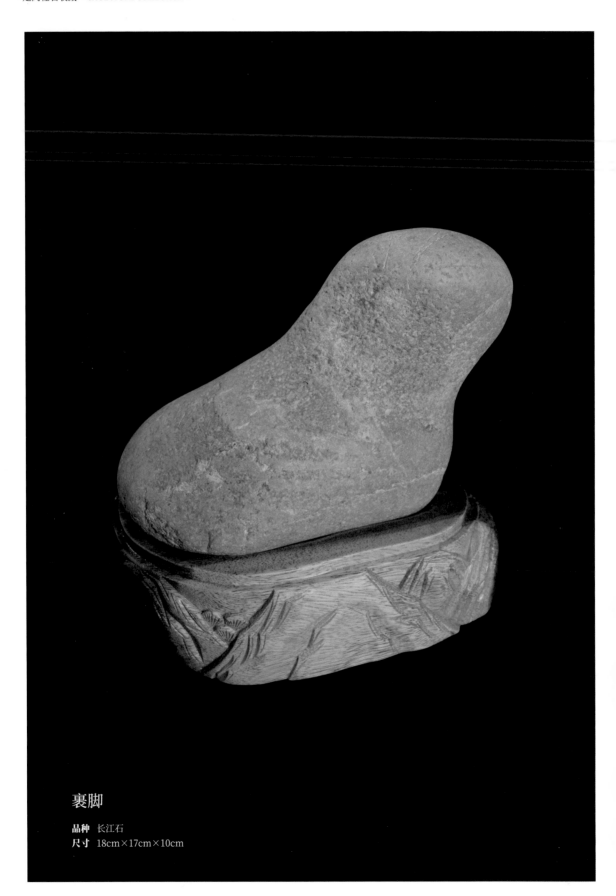

裹脚

品种 长江石
尺寸 18cm×17cm×10cm

还珠格格

品种 广西大湾石
尺寸 6.5cm×5.5cm×4.5cm

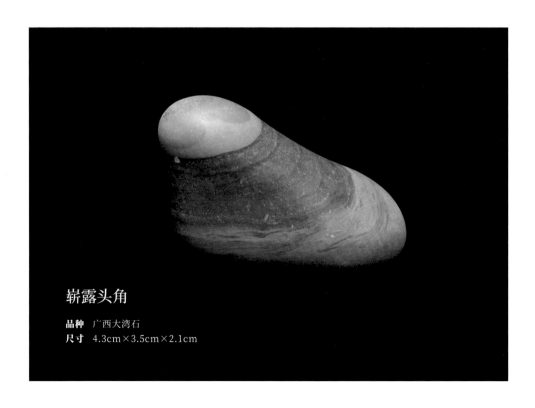

崭露头角

品种 广西大湾石
尺寸 4.3cm×3.5cm×2.1cm

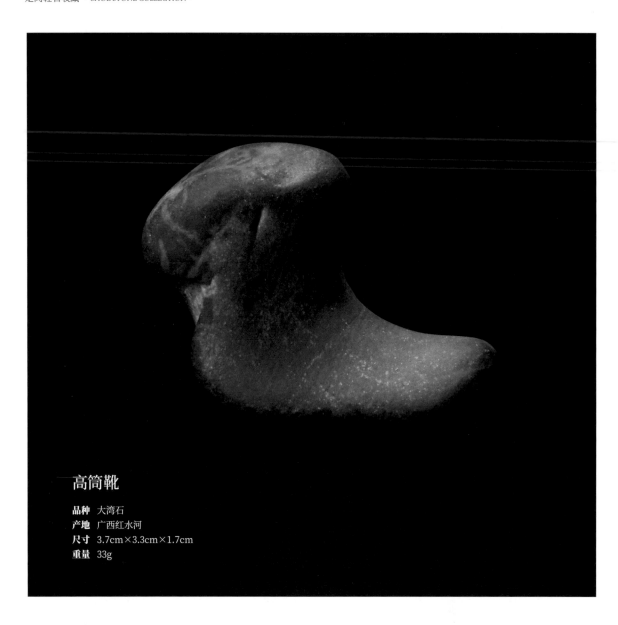

高筒靴

品种 大湾石
产地 广西红水河
尺寸 3.7cm×3.3cm×1.7cm
重量 33g

尖头皮鞋

品种 灵璧石
尺寸 40cm×20cm×13cm

溜冰鞋

品种 广西大湾石
尺寸 7cm×4cm×3cm

皮履

品种 戈壁石
尺寸 7cm×5cm×3.3cm

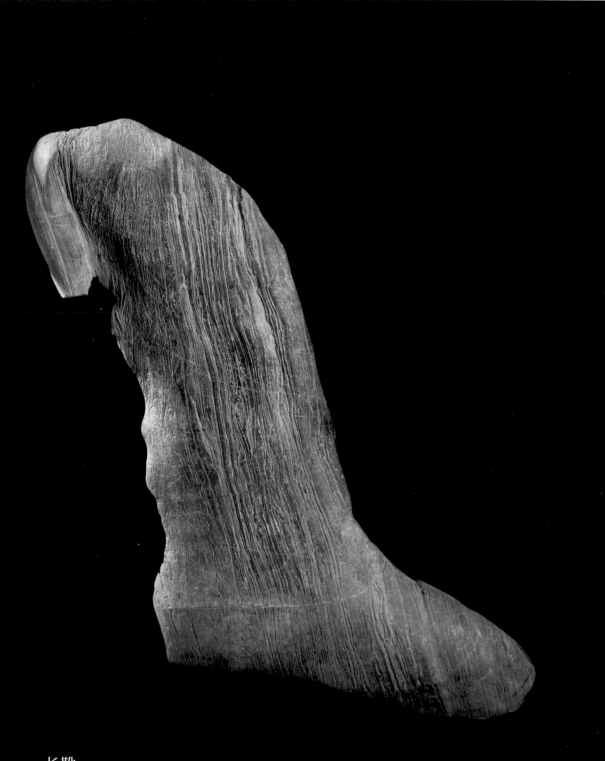

长靴

品种 灵璧石
尺寸 43cm×27cm×6cm

纳履踵决

品种 风凌石
尺寸 11cm×8cm×3.5cm

小棉靴

品种 塔什库尔干河石
尺寸 15cm×12cm×8cm

绒毛拖鞋

品种 河卵石
尺寸 4.5cm×2.1cm×2cm

三寸金莲

品种 广西大湾石
尺寸 7.8cm×4cm×3cm

谐趣横生

品种 沙砾岩大湾石
产地 广西红水河

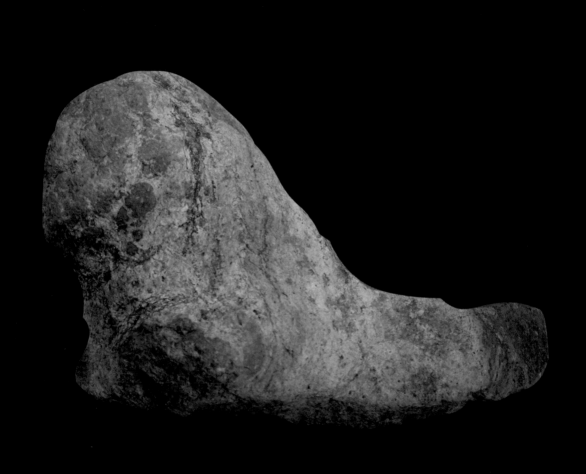

麻布靴

品种 楠溪江河卵石
尺寸 7.5cm×6cm×3.5cm

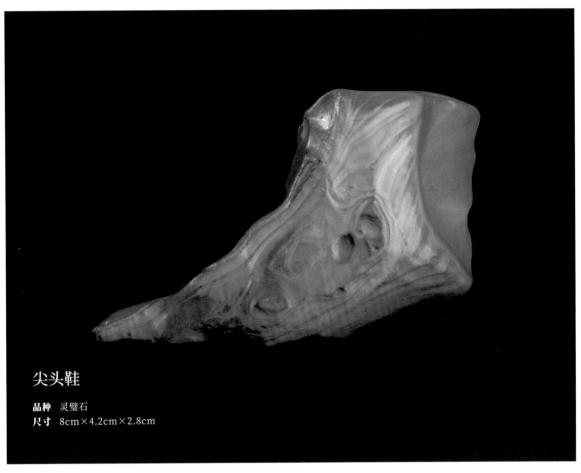

尖头鞋

品种 灵璧石
尺寸 8cm×4.2cm×2.8cm

品种 戈壁玛瑙石
产地 内蒙古阿拉善
尺寸 3.5cm×2.5cm×0.9cm

品种 地表筋脉石
尺寸 3cm×2.5cm×1.8cm

品种 红筋脉石
尺寸 2.8cm×2.5cm×1.1cm

品种 绿筋脉石
尺寸 2.8cm×2.5cm×1.4cm

品种 飘花筋脉石
尺寸 4cm×2.4cm×1.6cm

品种 大湾石
尺寸 11cm×7cm×6cm

品种 陨石
尺寸 2.8cm×1.6cm×1.5cm

品种 长江石
尺寸 10.5cm×6cm×4cm

品种 鸡血石
尺寸 15cm×10cm×7cm

品种 长江石
尺寸 8cm×8cm×4cm

品种 沈阳河卵石
尺寸 13cm×8cm×5cm

品种 大湾石
尺寸 7cm×5.5cm×2.5cm

品种 戈壁石
尺寸 8.4cm×6.8cm×5.4cm

品种 长江绿泥石
尺寸 8cm×6cm×3cm

品种 长江石
尺寸 5cm×4cm×3cm

品种 大湾石
尺寸 9.5cm×8cm×2.8cm

品种 灵璧石
尺寸 16cm×12cm×9cm

石之质 QUALITY OF STONE

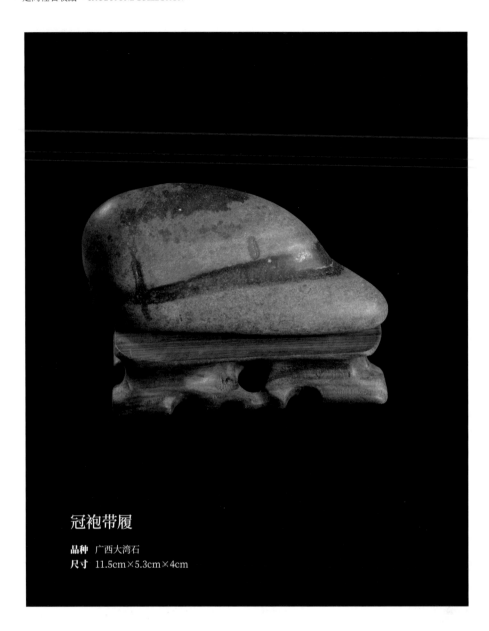

冠袍带履

品种 广西大湾石
尺寸 11.5cm×5.3cm×4cm

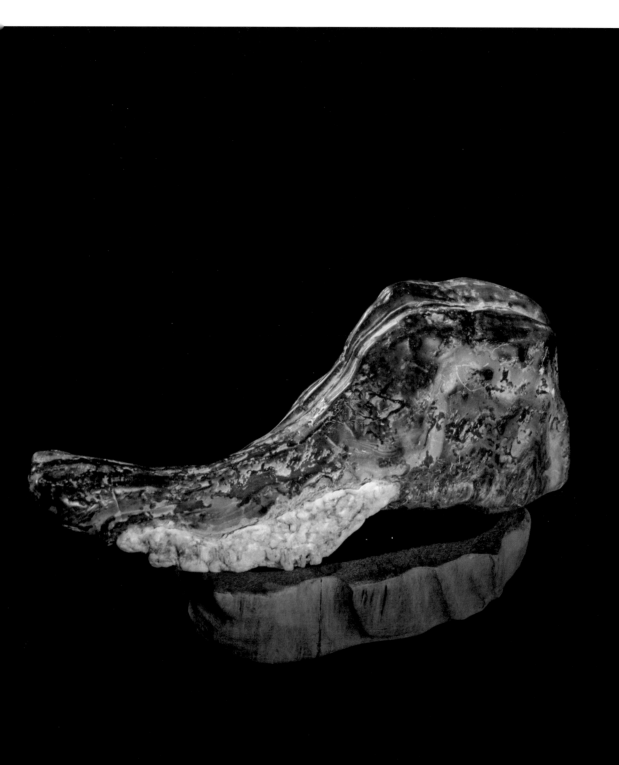

"石"尚牛仔

品种 灵璧石
尺寸 18cm×9cm×3cm

足下生辉

品种 宣石
尺寸 15cm×10cm×6.4cm

戴天履地

品种 钟乳结晶石
尺寸 15.5cm×12cm×10.5cm

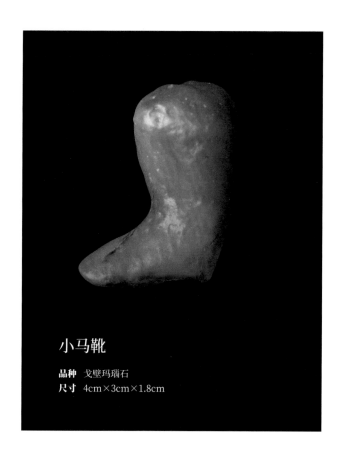

小马靴

品种 戈壁玛瑙石
尺寸 4cm×3cm×1.8cm

童鞋

品种 马达加斯加海洋石
尺寸 9cm×5cm×5cm

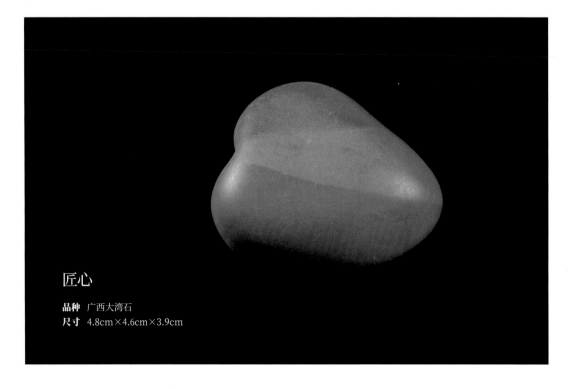

匠心

品种 广西大湾石
尺寸 4.8cm×4.6cm×3.9cm

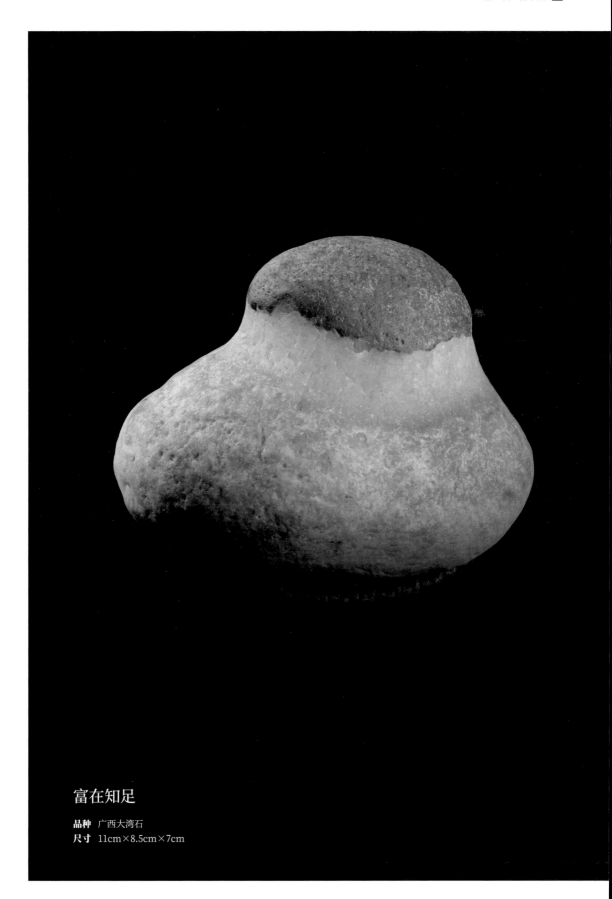

富在知足

品种 广西大湾石
尺寸 11cm×8.5cm×7cm

丰衣足食

品种 戈壁肉石
尺寸 4.5cm×3.2cm×2cm

欲登高峰

品种 戈壁风凌石
尺寸 9.5cm×7cm×5cm

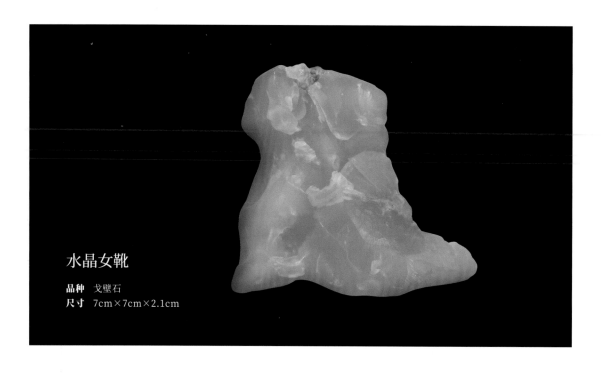

水晶女靴

品种 戈壁石
尺寸 7cm×7cm×2.1cm

步步高升

品种 太湖石
尺寸 13cm×11cm×9cm

水晶靴

品种 钟乳结晶石
尺寸 13cm×9cm×6cm

品种 大湾石
尺寸 10cm×7cm×6cm

品种 灵璧石
尺寸 29cm×18cm×9cm

品种 大湾石
尺寸 13cm×12cm×2.5cm

品种 大湾石
尺寸 10cm×7cm×6cm

品种 大湾石
尺寸 12cm×7.5cm×5cm

品种 长江石
尺寸 13.5cm×7cm×6cm

品种 长江石
尺寸 10cm×5cm×3.5cm

品种 明代石头鞋楦
尺寸 8cm×5cm×4cm

石之色 COLOR OF STONE

胶鞋

品种 广西大湾石
尺寸 7.5cm×5.5cm×4.5cm

金履

品种 广西大湾石
尺寸 14.5cm×8cm×7cm

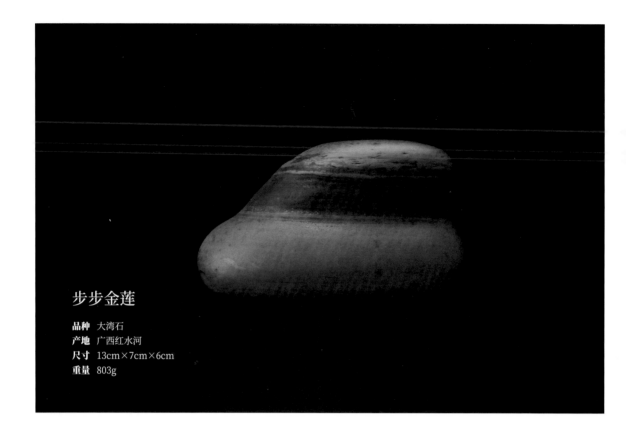

步步金莲

品种 大湾石
产地 广西红水河
尺寸 13cm×7cm×6cm
重量 803g

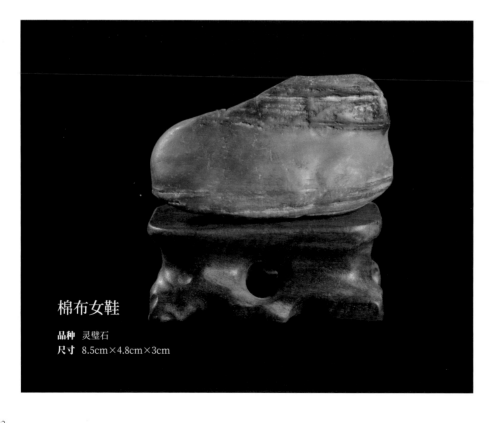

棉布女鞋

品种 灵璧石
尺寸 8.5cm×4.8cm×3cm

平步青云

品种 长江石
尺寸 24cm×20cm×10cm

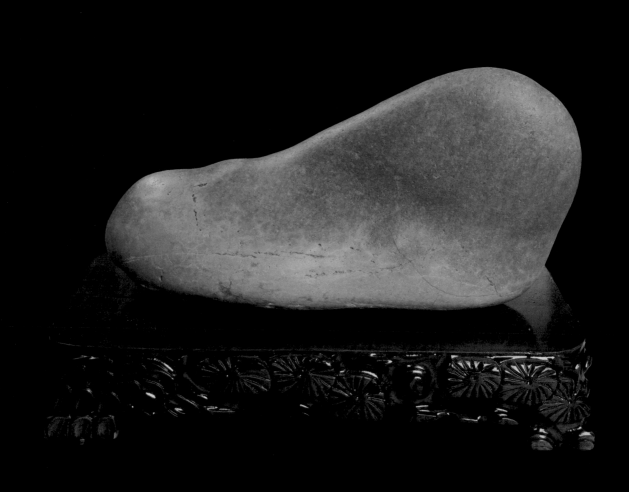

天下无双

品种 广西大湾石
尺寸 47cm×22cm×18cm

乌黑锃亮

品种 广西大湾石
尺寸 11cm×8cm×5.5cm

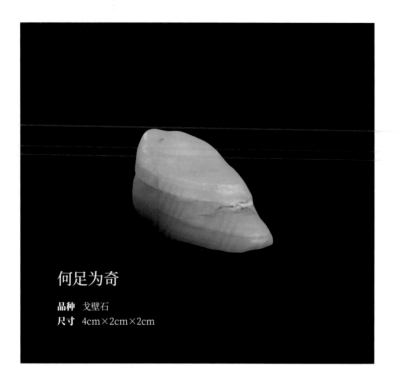

何足为奇

品种 戈壁石
尺寸 4cm×2cm×2cm

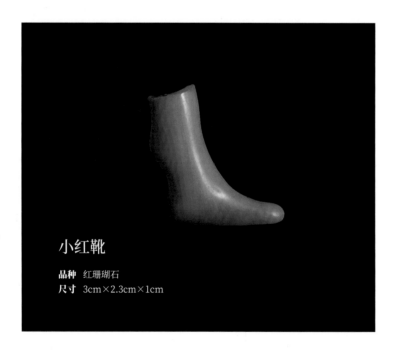

小红靴

品种 红珊瑚石
尺寸 3cm×2.3cm×1cm

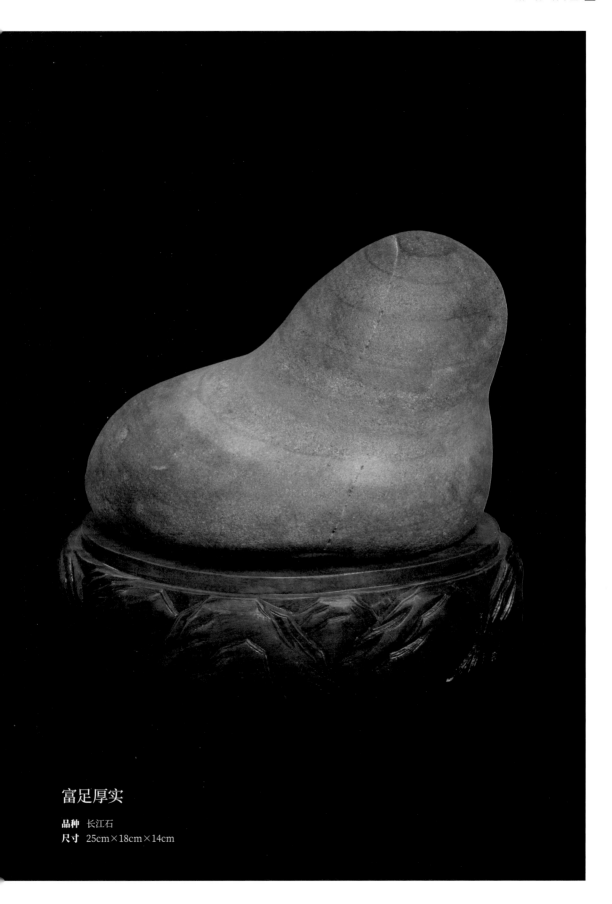

富足厚实

品种 长江石
尺寸 25cm×18cm×14cm

三寸金莲

品种 碧玉石
尺寸 4cm×2.7cm×1.8cm

席履丰厚

品种 广西大湾石
尺寸 10cm×8cm×5cm

劳保鞋

品种 长江石
尺寸 13cm×8.5cm×5cm

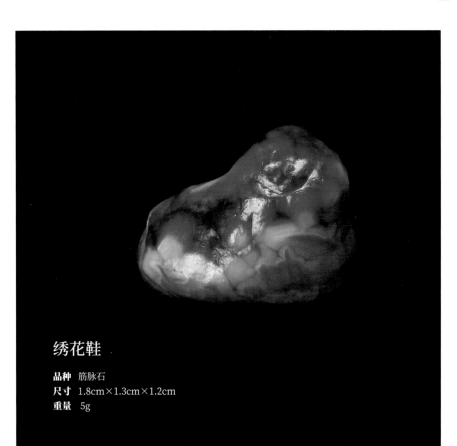

绣花鞋

品种 筋脉石
尺寸 1.8cm×1.3cm×1.2cm
重量 5g

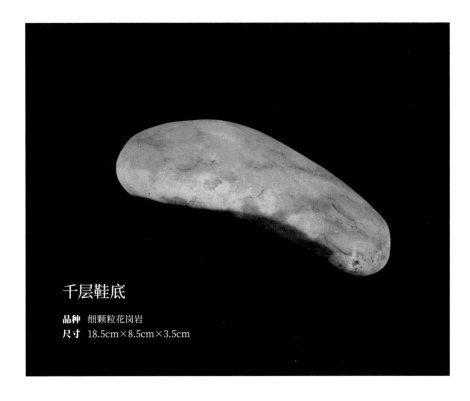

千层鞋底

品种 细颗粒花岗岩
尺寸 18.5cm×8.5cm×3.5cm

品种 大湾石
尺寸 10cm×8cm×5cm

品种 大湾石
尺寸 9.4cm×5.5cm×1.8cm

品种 大湾石
尺寸 23cm×17cm×10cm

品种 大湾石
尺寸 6.5cm×6cm×2.8cm

品种 大湾石
尺寸 20cm×8.7cm×2.8cm

品种 长江石
尺寸 12.2cm×11.5cm×8cm

品种 大湾石
尺寸 10.5cm×6cm×4cm

品种 大湾石
尺寸 8.2cm×4.3cm×3cm

品种 大湾石
尺寸 9cm×5.5cm×3cm

品种 大湾石
尺寸 8.6cm×6cm×3.5cm

品种 大湾石
尺寸 12cm×11cm×4cm

品种 大湾石
尺寸 14cm×7.5cm×3.7cm

品种 青田龙蛋石
尺寸 9cm×8.5cm×4.2cm

品种 大湾石
尺寸 10cm×5.5cm×3.2cm

品种 大湾石
尺寸 15cm×8cm×5.2cm

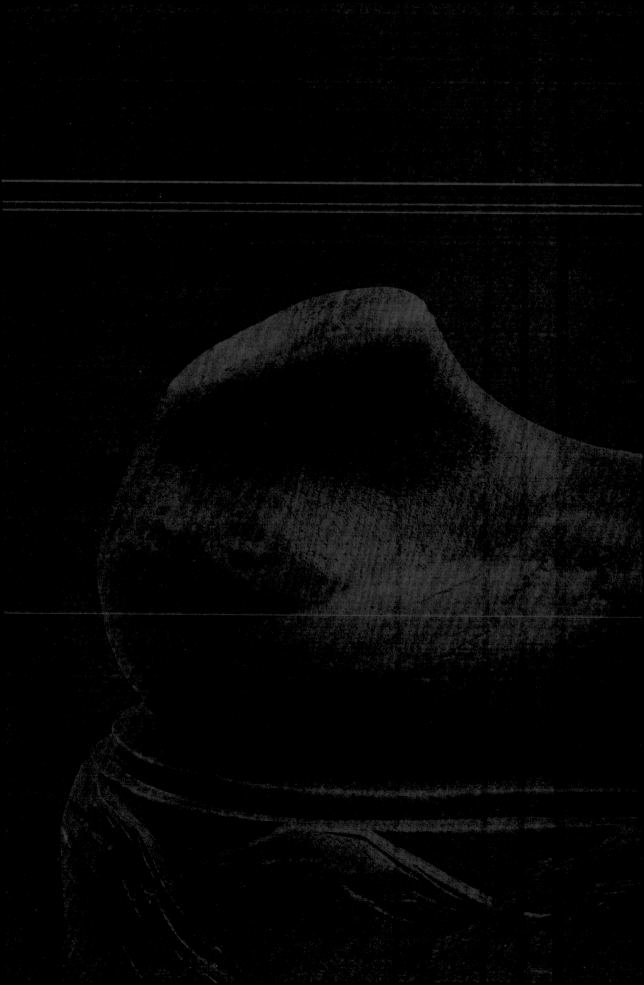

役

石之纹 TEXTURES OF STONE

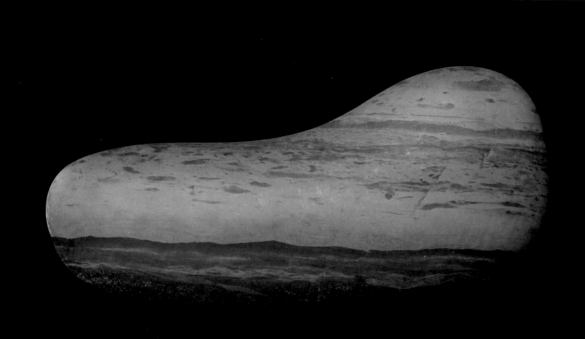

沧海一足间

品种 长江画面石
尺寸 12cm×5cm×2.5cm

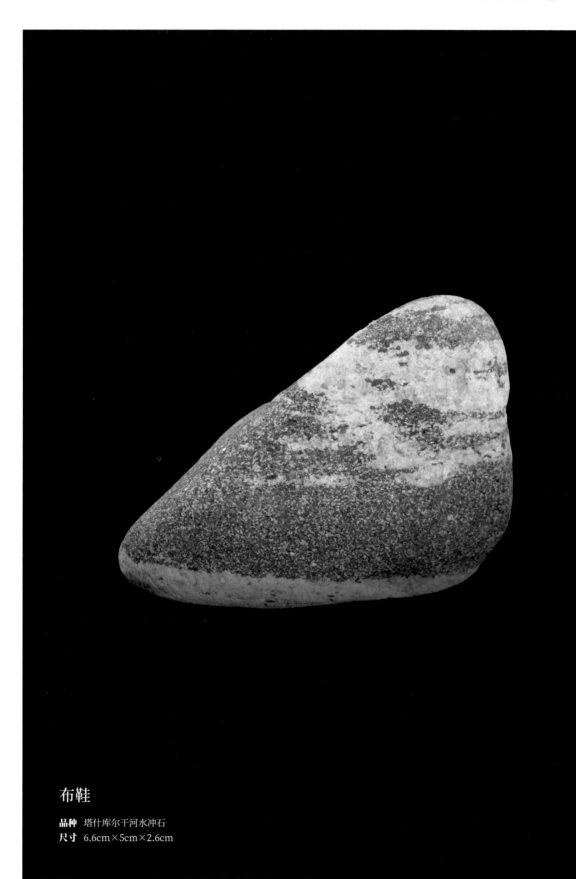

布鞋

品种 塔什库尔干河水冲石
尺寸 6.6cm×5cm×2.6cm

步步高升

品种 广西大湾石
尺寸 9cm×7cm×4cm

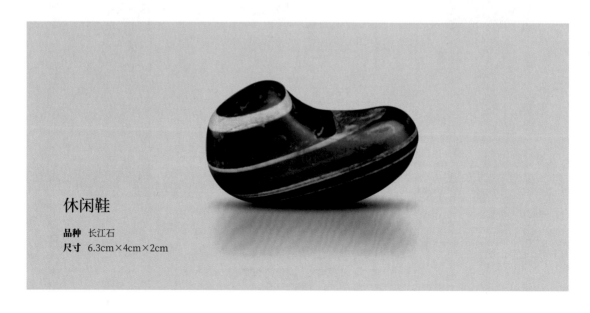

休闲鞋

品种 长江石
尺寸 6.3cm×4cm×2cm

蒙古靴

品种 广西大湾石
尺寸 14cm×10.5cm×7.5cm

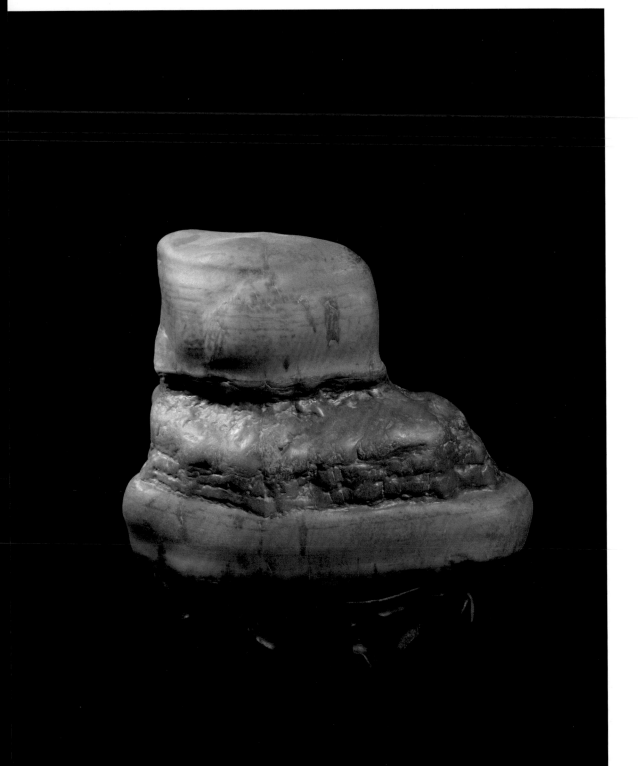

戴玄履黄

品种 广西大湾石
尺寸 16cm×12cm×7cm

官靴

品种 广西大湾石
尺寸 14cm×11cm×7.5cm

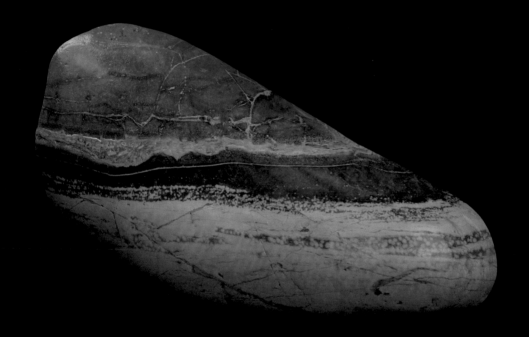

鞋帮

品种 长江画面石
尺寸 22cm×10cm×9cm

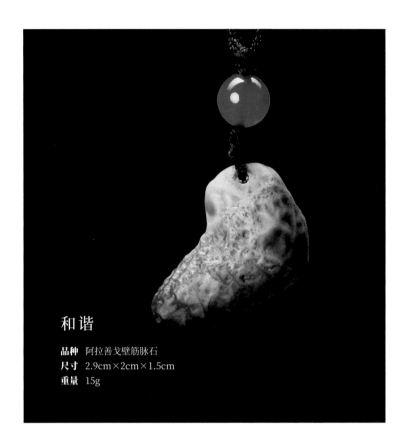

和谐

品种 阿拉善戈壁筋脉石
尺寸 2.9cm×2cm×1.5cm
重量 15g

金莲

品种 广西大湾石
尺寸 10cm×5cm×3cm

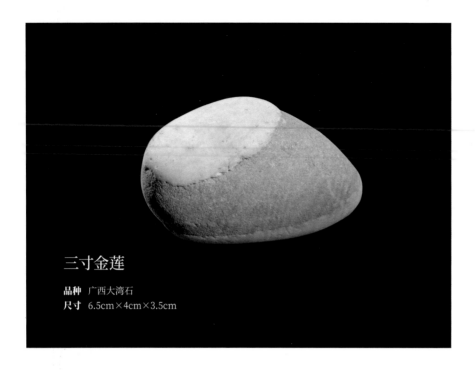

三寸金莲

品种 广西大湾石
尺寸 6.5cm×4cm×3.5cm

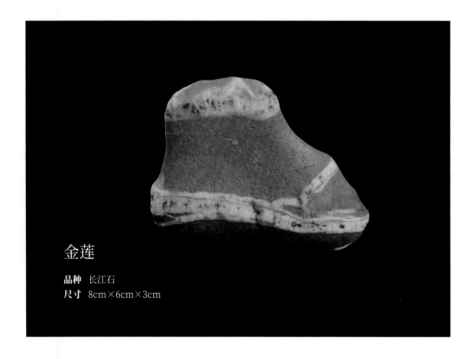

金莲

品种 长江石
尺寸 8cm×6cm×3cm

贵妃鞋

品种 长江绿泥石
尺寸 17cm×12cm×8cm

品种 大湾石
尺寸 12cm×8cm×6.5cm

品种 水冲石
尺寸 6.4cm×4cm×3.2cm

品种 楠溪江河卵石
尺寸 8cm×6cm×3.5cm

品种 长江石
尺寸 5cm×2.2cm×1.8cm

品种 大湾石
尺寸 14cm×8.5cm×2cm

品种 长江石
尺寸 10.5cm×7cm×5cm

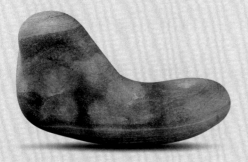

品种 长江石
尺寸 13cm×8cm×5cm

品种 大湾石
尺寸 9cm×6cm×2cm

品种 大湾石
尺寸 11cm×10cm×5.5cm

品种 大湾石
尺寸 14cm×10cm×6cm

品种 大湾石
尺寸 12cm×10cm×3.5cm

品种 大湾石
尺寸 12cm×11cm×2.5cm

品种 长江石
尺寸 10cm×7.5cm×4cm

品种 塔什库尔干河石
尺寸 18cm×7.5cm×6cm

品种 长江石
尺寸 12cm×7cm×5cm

品种 长江石
尺寸 8cm×3.7cm×3cm

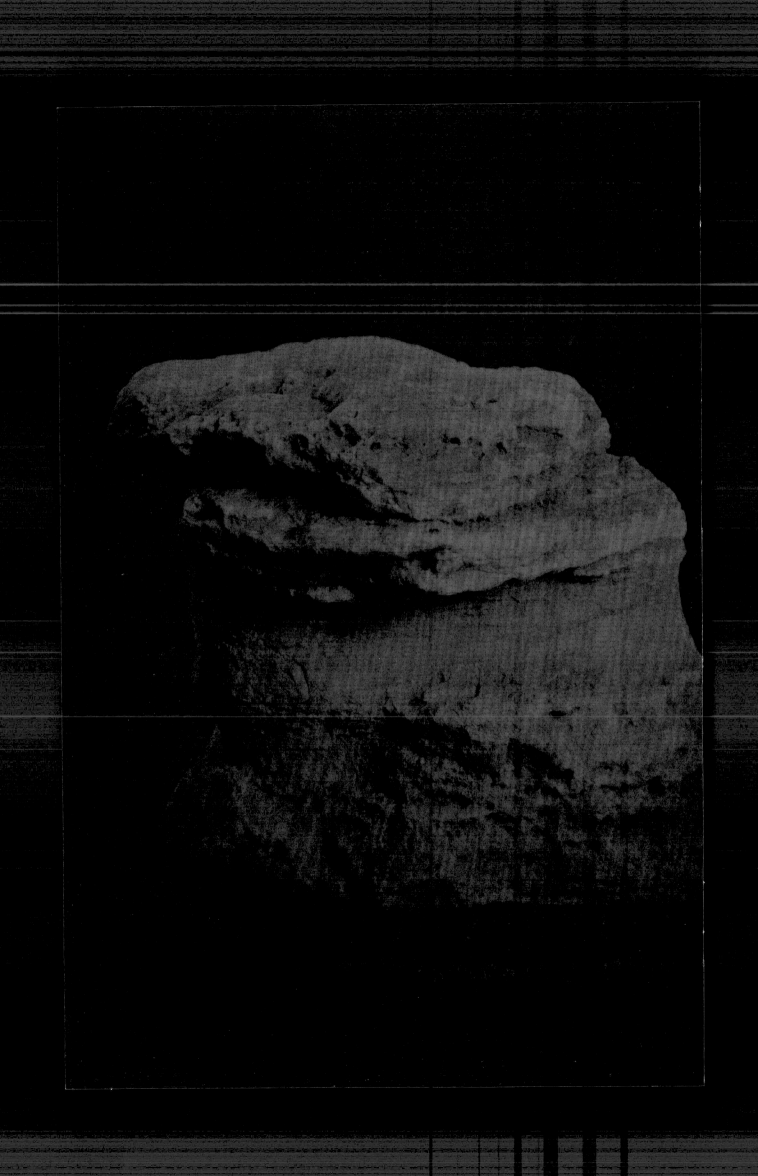

石之韵
CHARM OF STONE

脚踏实地

品种 灵璧石
尺寸 9cm×9cm×7cm

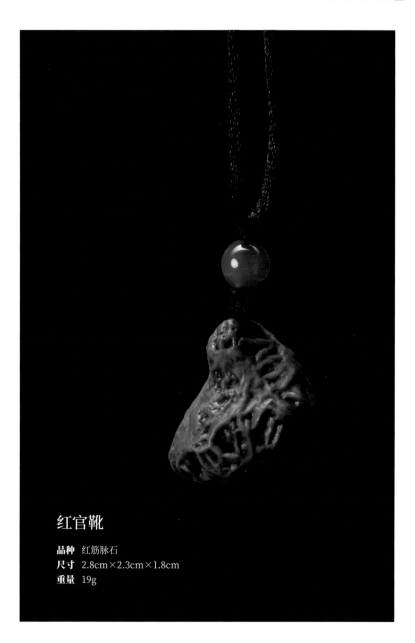

红官靴

品种 红筋脉石
尺寸 2.8cm×2.3cm×1.8cm
重量 19g

老北京布鞋

品种 广西大湾石
尺寸 12.5cm×6cm×3.5cm

金莲

品种 灵璧石
尺寸 17cm×9cm×8cm

金靴

品种 广西大湾石
尺寸 13cm×9cm×6.5cm

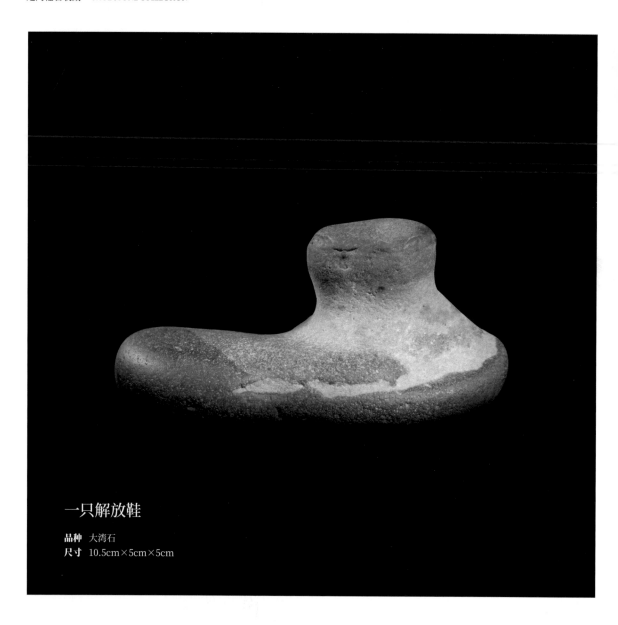

一只解放鞋

品种 大湾石
尺寸 10.5cm×5cm×5cm

一足向天歌

品种 灵璧石
尺寸 14cm×5cm×4cm

三寸金莲

品种 风化石
尺寸 13cm×8cm×6cm

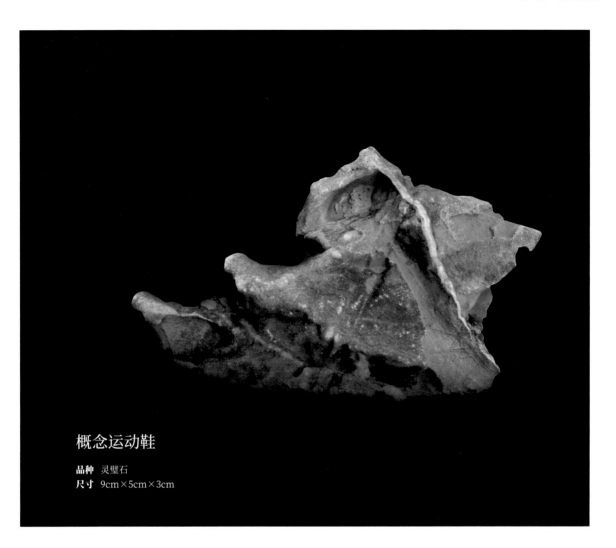

概念运动鞋

品种 灵璧石
尺寸 9cm×5cm×3cm

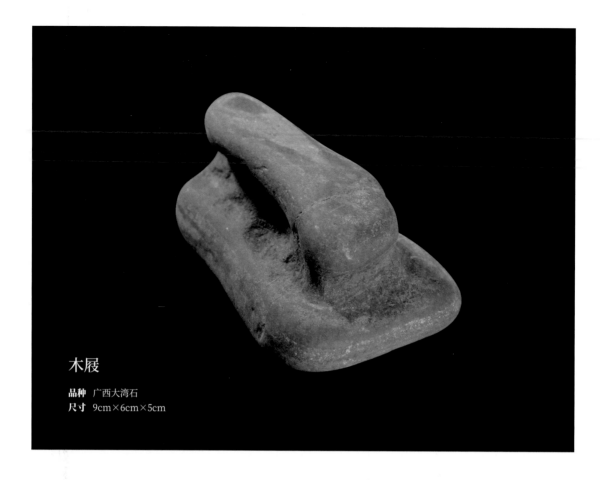

木屐

品种 广西大湾石
尺寸 9cm×6cm×5cm

红军草鞋

品种 广西大湾石
尺寸 9cm×5cm×4cm

捷足先登

品种 广西大湾石
尺寸 7cm×6cm×3.5cm

拖鞋

品种 广西大湾石
尺寸 14.5cm×5.5cm×5.5cm

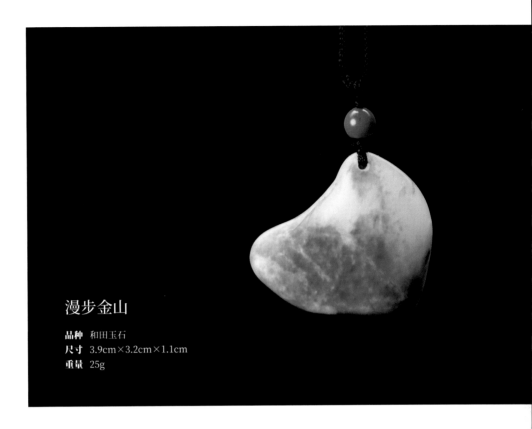

漫步金山

品种 和田玉石
尺寸 3.9cm×3.2cm×1.1cm
重量 25g

品种 大湾石
尺寸 16.5cm×8.5cm×5.5cm

品种 大湾石
尺寸 8cm×5.5cm×5cm

品种 大湾石
尺寸 16.5cm×7.5cm×7cm

品种 大湾石
尺寸 10.2cm×5cm×3cm

品种 河卵石
尺寸 9cm×7cm×2.5cm

品种 戈壁玛瑙石
尺寸 4.3cm×3.5cm×2.1cm

品种 戈壁石
尺寸 5cm×3cm×2cm

品种 长江石
尺寸 8.5cm×6.5cm×3cm

品种 灵璧石
尺寸 18cm×10.5cm×7cm

品种 吕梁石
尺寸 10.4cm×9.2cm×4.6cm

品种 大湾石
尺寸 10.7cm×7.8cm×7cm

品种 长江石
尺寸 11cm×9cm×6.5cm

品种 戈壁石
尺寸 5cm×3cm×2cm

品种 大湾石
尺寸 11cm×10.5cm×6cm

石之巧
ART OF STONE

巧

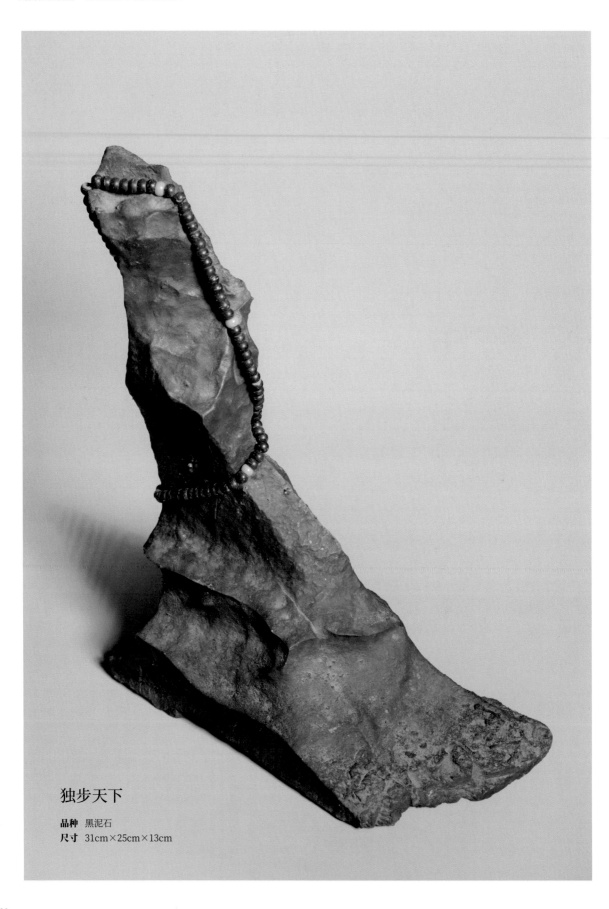

独步天下

品种 黑泥石
尺寸 31cm×25cm×13cm

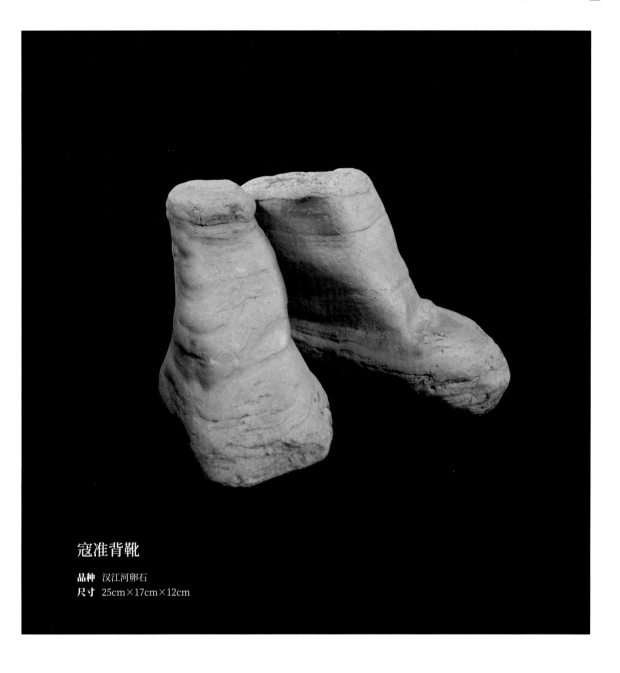

寇准背靴

品种 汉江河卵石
尺寸 25cm×17cm×12cm

踏破铁鞋无觅处

品种 宣石
尺寸 26cm×12cm×11cm

如履薄冰

品种 汉江石
尺寸 12.4cm×5.3cm×0.8cm

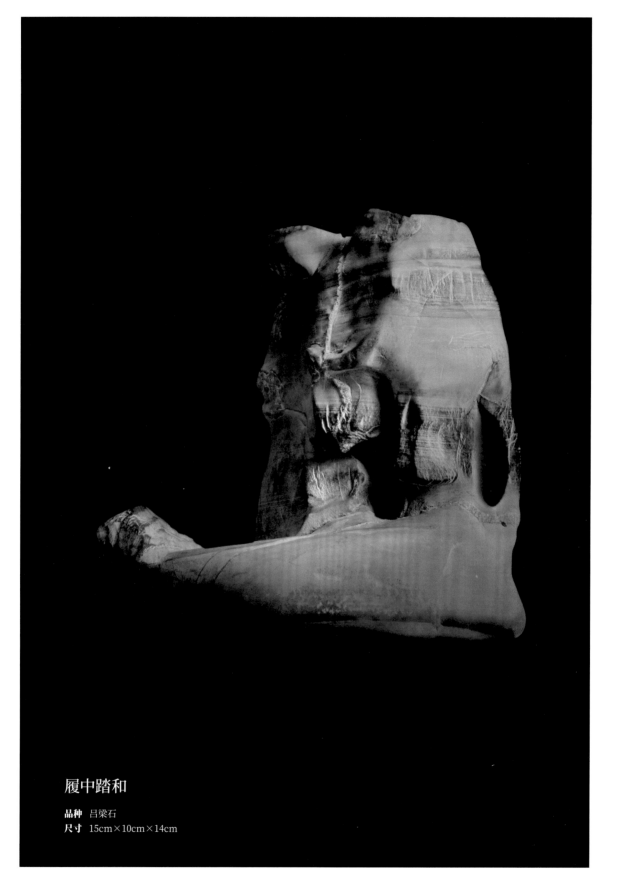

履中踏和

品种 吕梁石
尺寸 15cm×10cm×14cm

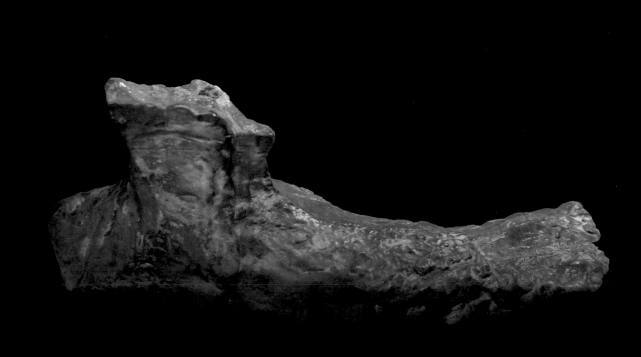

趾高气昂

品种 灵璧石
尺寸 17cm×10cm×6.5cm

挨肩叠足

品种 广西大湾石
尺寸 10cm×7cm×6.5cm

一脚定江山

品种 绿泥水墨石
尺寸 33cm×29cm×16cm

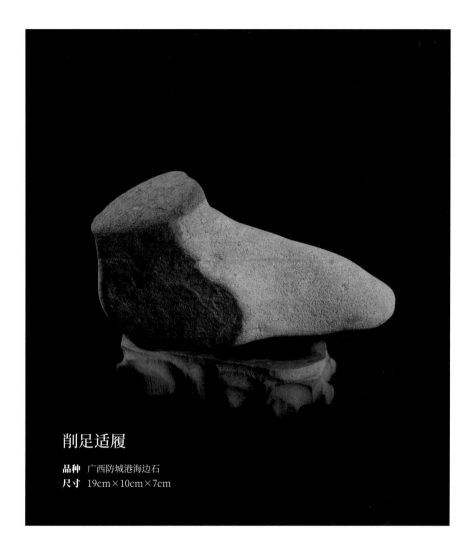

削足适履

品种 广西防城港海边石
尺寸 19cm×10cm×7cm

以冠补履

品种 戈壁石
尺寸 8.5cm×7.5cm×4.5cm

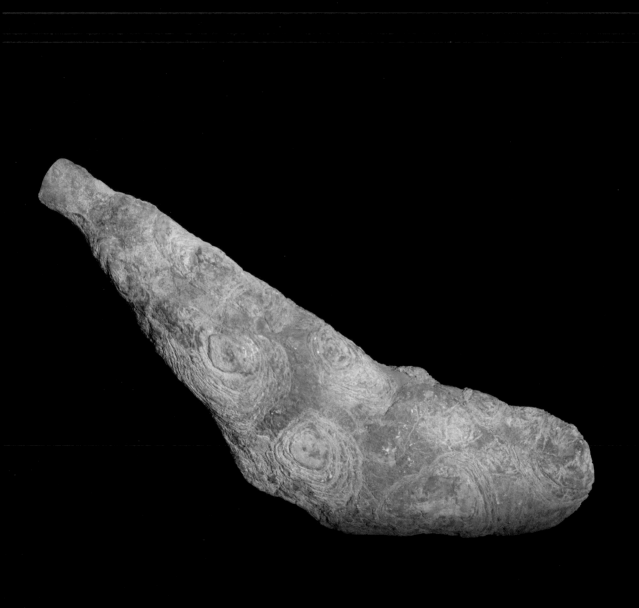

长袜

品种 灵璧石
尺寸 34cm×11cm×5cm

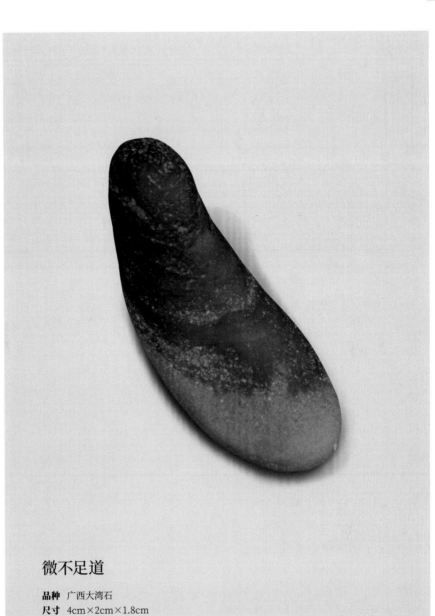

微不足道

品种 广西大湾石
尺寸 4cm×2cm×1.8cm

品种 灵璧石
尺寸 35cm×23cm×12cm

品种 戈壁绿泥石
尺寸 43cm×11cm×8cm

品种 大湾石
尺寸 10cm×7cm×5.5cm

品种 大湾石
尺寸 11.5cm×8.4cm×6.5cm

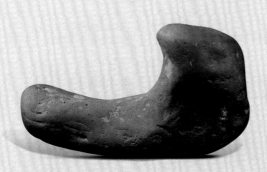

品种 大湾石
尺寸 13cm×7.5cm×6.2cm

品种 大湾石
尺寸 7.5cm×5.5cm×4.5cm

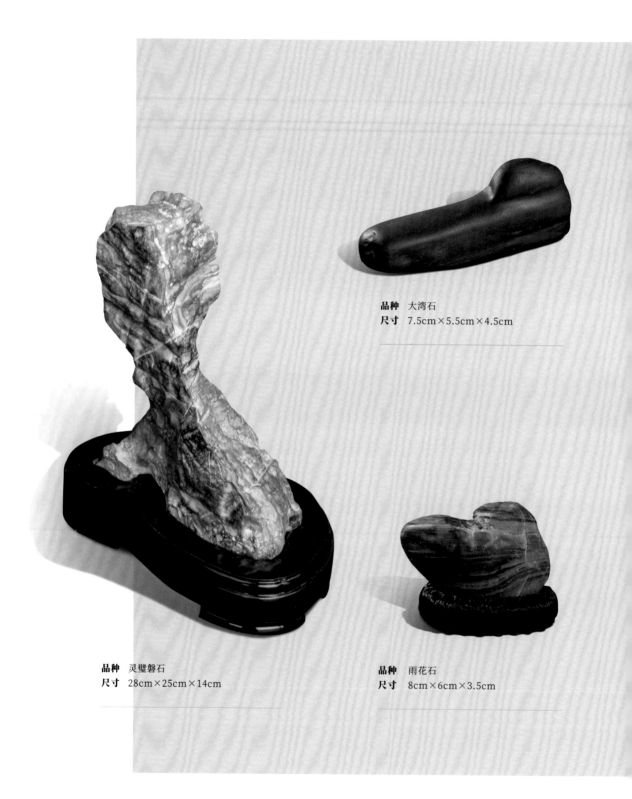

品种 大湾石
尺寸 7.5cm×5.5cm×4.5cm

品种 灵璧磐石
尺寸 28cm×25cm×14cm

品种 雨花石
尺寸 8cm×6cm×3.5cm

品种 大湾石
尺寸 13cm×10cm×8.5cm

品种 大湾石
尺寸 8.5cm×6.5cm×5cm

品种 长江石
尺寸 10.5cm×7.7cm×2.8cm

品种 灵璧彩磬
尺寸 16.5cm×7.5cm×7cm

一足间鞋石收藏

SHOE STONE COLLECTION

一足间鞋石藏馆，是鞋履文化收藏园地的奇葩。

藏者别具匠心陶然拾集数百奇石，有天外飞来陨石、戈壁绿泥石、灵璧石、玛瑙石、吕梁石等。此数百奇石，经千百年自然风化雨水冲击，天然雕琢酷似鞋履，其态百异。它是一部石履命运交响曲，每一件都是活跃的乐符，是一首天籁之歌。

与王松先生相识相交数年了，可以说有一见如故的感觉。在他的身上不仅有着中国传统学者的气质，还不时地闪现敢为人先、勇于创新的温州人精神。

十年前，王松拿出破釜沉舟的勇气将一所综合高中改造成为国内首个鞋类专门化职校，从此与鞋结下不解之缘。

鞋起源于何时，又是谁发明的呢？已经无

从考证。但鞋在温州人心中占有非常重要的地位。2001年，温州市人民政府将鞋产业正式列为温州市五大支柱产业之一，还成立了鞋文化博物馆。而身为国内首个鞋类专门化职校校长的王松也一直有个愿望，就是把工作和爱好结合在一起。一次普通的旅行，让他突发奇想，想自己开辟一个专门的收藏门类——鞋石收藏。

刚开始，朋友和同事对他如此小众的收藏门类并不看好，有人认为他乱花钱，也有人认为他玩物丧志。但是几年下来，王松竟然收集了数百枚鞋石，其中不乏精品，更难能可贵的是他还把鞋石收藏和工作完美结合在一起。现在去鹿城区职业技术学校参观访问，到一足间鞋石收藏馆观赏鞋石已经成为一个固定项目。

每次碰到王松为访问团的人员介绍他的鞋石收藏时，都能感受到他对工作与爱好饱满的

爱。他对中国鞋历史的慢慢讲述，对收藏艺术的娓娓道来，对倾听者的徐徐诉说，浅浅的微笑配合着睿智的眼神，无不透出他对鞋石、对鞋文化的执着追求，对人生的信心与坚毅。他说他希望有一天能出版一本关于鞋石的书，让更多的人了解鞋石，了解温州的鞋文化。

一年前的一天，王松突然告诉友人，他准备开始写鞋石欣赏的书了。虽然大家都有准备，但还是被王松的魄力折服。在这一年多的时间里，王松利用节假日和休息时间为几百枚鞋石分类、命名并撰写相关资料，连朋友聚会都少了很多。由于鞋石收藏是比较冷门的收藏门类，没有更多现成的资料可供参考，为了让鞋石的魅力完全展示在读者面前，王松反复修改方案，数易其稿，其工作量之大可见一斑。可以说，这本《鞋石欣赏》倾注了王松太多的心血。

今天，王松的这个愿望终于实现了，当我听到这个消息的时候，我是非常激动与期待的。

人总需要有激情，这些激情可以来自很多方面，例如运动员比赛获胜会爆发激情，商家做生意赚了钱会感到激情，做官从政获得成就也带来激情，而王松的激情是对鞋石、对鞋文化的执着追求。

愿王松先生的激情永远延续，收集更多更好的鞋石，将奇石与鞋文化结合在一起发扬光大，让更多的人了解温州，了解温州的鞋文化。

诚如是，则功莫大焉。

金永愉

国内资深陶瓷艺术品鞋履收藏家

责任编辑　张　磊

文字编辑　唐念慈

责任校对　高余朵

责任印刷　汪立峰

图片摄影　张远应　陈　超

书籍设计　刘熙丰　谢奇璋

图书在版编目（CIP）数据

鞋石欣赏 / 王松著 . -- 杭州：浙江摄影出版社，
2019.1

　ISBN 978-7-5514-2414-1

　Ⅰ . ①鞋… Ⅱ . ①王… Ⅲ . ①石－鉴赏－中国 Ⅳ .
① TS933.21

中国版本图书馆 CIP 数据核字 (2018) 第 284024 号

XIESHI XINSHANG

鞋石欣赏

王松　编

全国百佳图书出版单位

浙江摄影出版社出版发行

地址：杭州市体育场路 347 号

邮编：310006

电话：0571-85159646　85159574　85170614

网址：www.photo.zjcb.com

制版：温州汇雅印业有限公司

印刷：温州汇雅印业有限公司

开本：889×1194mm　1/16

印张：10

2019 年 1 月第 1 版　2019 年 1 月第 1 次印刷

ISBN 978-7-5514-2414-1

定价：135.00 元